国家社科基金
后期资助项目

条件句逻辑思想史

The History of Conditional Logic

胡怀亮 著

中国社会科学出版社

图书在版编目(CIP)数据

条件句逻辑思想史 / 胡怀亮著. —北京：中国社会科学出版社，2017.4
ISBN 978-7-5203-0294-4

Ⅰ.①条…　Ⅱ.①胡…　Ⅲ.①哲理逻辑—思想史—研究　Ⅳ.①B815

中国版本图书馆 CIP 数据核字(2017)第 078860 号

出 版 人	赵剑英
责任编辑	许　晨
责任校对	张爱华
责任印制	张雪娇

出　　版	中国社会科学出版社
社　　址	北京鼓楼西大街甲 158 号
邮　　编	100720
网　　址	http://www.csspw.cn
发 行 部	010-84083685
门 市 部	010-84029450
经　　销	新华书店及其他书店
印　　刷	北京君升印刷有限公司
装　　订	廊坊市广阳区广增装订厂
版　　次	2017 年 4 月第 1 版
印　　次	2017 年 4 月第 1 次印刷

开　　本	710×1000　1/16
印　　张	11.75
插　　页	2
字　　数	215 千字
定　　价	48.00 元

凡购买中国社会科学出版社图书，如有质量问题请与本社营销中心联系调换
电话：010-84083683
版权所有　侵权必究

国家社科基金后期资助项目
出版说明

后期资助项目是国家社科基金设立的一类重要项目，旨在鼓励广大社科研究者潜心治学，支持基础研究多出优秀成果。它是经过严格评审，从接近完成的科研成果中遴选立项的。为扩大后期资助项目的影响，更好地推动学术发展，促进成果转化，全国哲学社会科学规划办公室按照"统一设计、统一标识、统一版式、形成系列"的总体要求，组织出版国家社科基金后期资助项目成果。

全国哲学社会科学规划办公室

目 录

导言 ··· (1)

第一章 古代的条件句逻辑思想 ································ (14)
第一节 麦加拉学派的条件句逻辑思想 ················· (15)
第二节 斯多噶学派的条件句逻辑思想 ················· (23)

第二章 中世纪的条件句逻辑思想 ································ (32)
第一节 中世纪前期的条件句逻辑思想 ················· (33)
　　一 波依休斯的条件句逻辑思想 ······················ (33)
　　二 阿伯拉尔的条件句逻辑思想 ······················ (36)
第二节 中世纪中期的条件句逻辑思想 ················· (41)
　　一 罗伯特·基尔沃比的条件句逻辑思想 ············ (42)
　　二 伪斯各脱的条件句逻辑思想 ······················ (44)
第三节 中世纪后期的条件句逻辑思想 ················· (48)
　　一 威廉·奥卡姆的条件句逻辑思想 ················· (48)
　　二 布里丹的条件句逻辑思想 ························ (53)

第三章 近代的条件句逻辑思想 ································ (58)
第一节 皮尔士的条件句逻辑思想 ······················ (58)
第二节 弗雷格的条件句逻辑思想 ······················ (64)

第四章 现代的条件句逻辑思想 ································ (71)
第一节 传统的实质条件句逻辑思想 ··················· (72)
　　一 罗素的条件句逻辑思想 ··························· (73)
　　二 维特根斯坦的条件句逻辑思想 ··················· (81)
　　三 蒯因的条件句逻辑思想 ··························· (88)

第二节　扩充的实质条件句逻辑思想 (93)
  一　格赖斯的实质条件句逻辑思想 (93)
  二　杰克逊的实质条件句逻辑思想 (97)
  三　扩充实质条件句逻辑思想的新发展 (102)
第三节　变异的实质条件句逻辑思想 (104)
  一　C. I. 刘易斯的严格蕴涵思想 (104)
  二　阿克尔曼的相干逻辑思想 (109)
  三　安德森和贝尔纳普的相干逻辑思想 (112)
  四　变异实质条件句逻辑思想的新发展 (115)
第四节　条件句的语言学进路思想 (118)
  一　拉姆齐的语言学进路思想 (119)
  二　齐硕姆的语言学进路思想 (121)
  三　古德曼的语言学进路思想 (125)
  四　条件句逻辑语言学进路思想的新发展 (131)
第五节　条件句逻辑的可能世界进路思想 (134)
  一　斯塔尔纳克的可能世界进路思想 (135)
  二　戴维·刘易斯的可能世界进路思想 (139)
  三　条件句逻辑可能世界进路思想的新发展 (144)
第六节　条件句逻辑的概率进路思想 (148)
  一　拉姆齐的概率进路思想 (149)
  二　斯塔尔纳克的概率进路思想 (151)
  三　亚当斯的概率进路思想 (154)
  四　条件句逻辑概率进路思想的新发展 (158)
第七节　条件句逻辑的认知进路思想 (160)
  一　AGM 的认知进路思想 (161)
  二　加登福斯的认知进路思想 (165)
  三　条件句逻辑认知进路思想的新发展 (170)

结语 (173)

参考文献 (177)

导　言

　　人们通常把具有"如果 A，那么 B"这种结构的句子称为条件句，把以条件句为研究对象的逻辑称为条件句逻辑。条件句逻辑对于逻辑学的发展是重要的，因为从逻辑学的整体来看，在某种意义上，凡是旨在刻画逻辑推理的逻辑，都是建立在澄清和研究"如果 A，那么 B"的真值以及涉及此类条件句的推理的形式有效性之上的。

　　从条件句逻辑思想的演进与发展的宏观历史来看，这一发展过程也不是一帆风顺的，自斯多噶学派一直到近代的弗雷格，条件句逻辑一直备受实质蕴涵怪论的困扰。但是，正是这些问题的出现，客观上促进了条件句逻辑思想的发展，这一点在拉姆齐发表《普通命题与因果关系》一文后得到体现。1930 年，随着拉姆齐在《普通命题与因果关系》一文中对条件句逻辑思想进行了新的阐释以后，条件句逻辑像雨后春笋般地得到了迅速的发展，但是，这些新的条件句理论同样也面临着一些困境。当然，当代条件句逻辑发展所面临的困境为条件句逻辑思想的发展提供了更多的素材，对这些问题的探讨，有助于我们从深层次理解条件句逻辑的本质，为提出更为恰当的条件句理论提供理论基础，从而能更好地推进逻辑学的发展。

　　当代研究条件句的理论是很多的，我们很难把这些观点一一说清楚，但我们大体上可以把当代条件句逻辑的研究分为两类：（1）实质条件句进路；（2）非实质条件句进路。

　　从文献上看，实质条件句进路是一条最古老的研究条件句逻辑的进路，从已有的文字记载来看，它最早可以追溯到古希腊的麦加拉——斯多葛学派，在某种意义上，其关于条件句逻辑思想的阐述也可以视为条件句逻辑思想产生的萌芽。传统实质条件句进路把条件句作实质蕴涵的解释，按照这条进路，条件句"如果 A，那么 B"的真值由 A 和 B 的真值单独决定。当代的实质条件句进路尽管都以实质蕴涵为基础，但是又有所不同。最主要的有两种，一种是有些学者在实质蕴涵的基础上引入了新的逻辑假设，在本文中我们把这种研究进路称为扩充实质条件句进路；有些学者修改了实质蕴涵的一个或多个假定，在本文中我们把这种研究进路称为变异实质条件句进路。因此，在本文中，我们把实质条件句进路细分为传统实质条件句进路、扩充实质条件句进路和变异实质条件句进路。

近代著名的逻辑学家皮尔士、弗雷格、罗素、维特根斯坦和蒯因等人都坚持传统实质条件句进路这种观点。但是，如果我们把条件句作实质蕴涵的解释，那么，在有些情境下可能会出现一些违反我们直觉的"怪论"，学界通常称为"实质蕴涵怪论"：

1. 假命题实质蕴涵任何命题。

根据实质蕴涵的逻辑真值表，我们不难发现，如果一个条件句的前件为假，那么其整个条件句为真是逻辑充分的，也就是假命题实质蕴涵任何命题，所以，我们可以从"2+3=12"推出"如果2+3=12，则狗长着六条腿"这个条件句为真，很明显，这个条件句所反映的内容是违反我们日常生活的直觉的。

2. 真命题被任一命题所实质蕴涵

根据实质蕴涵的逻辑真值表，我们可以得到，如果一个条件句的后件为真，那么，其整个条件句为真是逻辑充分的，也就是真命题被任一命题所实质蕴涵，所以，我们可以由"狗长着四条腿"这个结论为真，得到"如果2+3=12，那么狗长着四条腿"，很明显，这个条件句所反映的内容也是违反我们日常生活的直觉的。

支持扩充实质条件句进路的学者认为，从逻辑的观点看传统实质条件句进路是存在一定的合理性的，即实质条件句和自然语言条件句之间具有相同的真值条件，但是我们需要对这个传统实质条件句理论进行扩充，使其具有更符合日常生活的解释。支持这种观点的主要有格赖斯和杰克逊（Frank Jackson）。

一、格赖斯认为现实生活中的自然语言条件句在意义和真值条件上与实质条件句是等价的，也就是即使一个条件句的前件、后件之间不存在联系，这个条件句也可以为真。对于实质蕴涵怪论的问题，格赖斯认为产生这种现象的原因是实质条件句进路缺少一种依据语用进行区分一个条件句的真值条件和可断定条件的解释，为了解决这个问题，格赖斯提出了会话含意理论，并用会话含意理论对实质蕴涵怪论进行了解释。[①] 按照格赖斯

---

① 参见 Grice, H. P. (1989). *Studies in the Way of Words*. Cambridge MA: Harvard University Press, pp. 21–56.

的会话含意理论，如果一个条件句具有假的前件同时也具有真的后件，难免它们是真的，因为按照格赖斯所提出的会话含意的方式准则[①]，"如果雪是黑的，那么成熟的荔枝表皮通常是红色的"这个悖谬的条件句可以简短地说成"成熟的荔枝表皮通常是红色的"。但是，有些学者就认为这种解释是有缺陷的，如斯特劳森（P. Strawson）就认为利用会话含意的原则来说明条件句是有问题的，这种观点存在过度杀伤的问题，所以一定是错误的。[②]

二、与格赖斯一样，杰克逊也认为条件句是真值函项的，但他与格赖斯处理实质蕴涵怪论的方式有所不同，他提出了规约含意的理论。他认为"存在一种控制条件句可断定性的特殊规约。只相信满足它的真值条件是不适当的，这种信念相对于前件一定是鲁棒的（robust），也就是当你发现一个条件句的前件为真时，你一定不会放弃这个信念。这确保一个可断定条件句是适合肯定前件式的，而怪论的出现是因为我们自始至终搞混了真和可断定性，即自始至终坚持确定的条件句不是真的，因为它们不是可断定的。"[③] 但是，对于杰克逊的这种解释，里德却持有不同的观点，他认为："成问题的条件句（这种条件句尽管有假前件或真后件，但仍显得是假的）出现在嵌入的语境中……尽管论证是根据条件句的真值函项性质进行的，但是条件句不是真值函项性的。尽管辩护者可以维护并且试图为上述例子辩护，但是似乎显然的是：存在具有假前件或真后件的假条件句。"[④]

为了消解"实质蕴涵怪论"，有些逻辑学家对传统实质条件句进路作出进一步的精致化努力，这就是变异的实质条件句进路。这条进路主要包括三种观点：严格蕴涵、相干蕴涵和相干衍推。

（一）严格蕴涵

刘易斯认为弗雷格、罗素所倡导的实质蕴涵是有问题的，其与实质蕴涵的直觉理解相差太远，从逻辑意义上看，实质蕴涵太弱了，因此需要加强。刘易斯在《严格蕴涵的演算》和《蕴涵的矩阵代数》中，提出了一个严格蕴涵的模态命题演算系统。从这个演算系统上看，这种严格蕴涵思想近似于古希腊克吕西波的条件句思想。刘易斯的严格蕴涵可以用如下公式

[①] 要避免表达式含混不清；要避免模棱两可的话；要简洁以避免不必要的冗长；要有条理。
[②] Strawson, P. F. (1986). "'If' and '⊃'," in R. E. Grandy and R. Warner, Philosophical Grounds of Rationality. Oxford: Clarendon Press, pp. 229–42.
[③] 参见 Jackson, F. (1987). Conditionals. Oxford: Basil Blackwell, pp. 28–29.
[④] 斯蒂芬·里德著：《对逻辑的思考》，李小五译，辽宁：辽宁教育出版社1998年版，第90页。

定义：

A $\rightarrow$ C $=_{df}$ ~ $\Diamond$ (A& ~ C) （"$\rightarrow$"表示严格蕴涵算子，"$\Diamond$"表示可能性，"~"表示并非）

但是，如果我们把自然语言条件句进行严格蕴涵的说明，同样会产生怪论，对于这些怪论，学界一般称为"严格蕴涵怪论"，其主要有四个：

(1) ~$\Diamond$A $\rightarrow$ (A $\rightarrow$ C)

(2) (A& ~ A) $\rightarrow$ C

(3) $\Box$A $\rightarrow$ (C $\rightarrow$ A)

(4) A $\rightarrow$ (C $\vee$ ~ C)

在上述推理方式中，(1) 为不可能语句严格蕴涵任何语句，(2) 为矛盾严格蕴涵着任何语句，(3) 为必然语句由任何语句所蕴涵，(4) 为任何语句严格蕴涵一个重言式。从总体上看，刘易斯所提出的严格蕴涵理论虽然能规避实质蕴涵怪论，但是又产生了"严格蕴涵怪论"。

2. 相干蕴涵

相干逻辑学家认为之所以会产生"实质蕴涵怪论"与"严格蕴涵怪论"，其主要原因在于这些蕴涵怪论的前件与后件在内容上是不相干的，这导致了条件句的前件与后件从属于两个完全不同的论题。针对这一问题，相干逻辑学家提出了变项共享原则（variable sharing principle），依据这种原则，如果一个自然语言条件句的前件与后件之间没有共享命题变项，就认为这种推论不是有效的。对于相干逻辑，存在一些证明论进路，其中最著名的是安德森（Anderson）和贝尔纳普（Belnap）的自然演绎系统"逻辑 E"和"逻辑 R"。但令人遗憾的是，相干逻辑也面临困境，陈波指出："由于推理的具体内容千差万别，从逻辑上去刻画推理的前提和结论之间的内容关联是没有出路的，即使是去刻画这种内容相关的形式表现也不大可能取得成功。"[1]

3. 相干衍推

自从摩尔（G. E. Moor）提出衍推的定义后，衍推已经成为一个哲学讨论的术语。对于用衍推来区别严格蕴涵的人来说，他们认为衍推是语句和语句形式两者之间的真正关系。当一个语句衍推另一个语句时，它一定取决于这两者的关系。尝试将衍推理论公式化的逻辑学家提出了相干衍推逻辑，相干衍推与相干蕴涵之间是存在区别的，例如，安德森和贝尔纳普的核心相干逻辑系统与相干衍推"逻辑 E"和相干蕴涵"逻辑 R"之间的

---

[1] 陈波：《逻辑哲学》，北京：北京大学出版社 2005 年版，第 44 页。

关系是：E 的衍推连接词是由一个严格蕴涵所假设的，为了进一步区分"逻辑 E"和"逻辑 R"的异同，麦耶（Meyer）对 R 系统添加了一个必然算子，这就是"逻辑 NR"。① 但是，马克西莫瓦（Larisa Maksimova）发现了"逻辑 NR"和"逻辑 E"之间的重要差异：NR 中的定理（自然传递性）不是系统 E 的定理。② 这引起了相干逻辑学家的困惑，他们不知道是把 NR 系统作为严格相干蕴涵系统，还是认为 NR 存在一定的缺陷，而把系统 E 作为严格相干蕴涵系统。

由于把自然语言条件句视为真值函项的会产生违反人们直觉的"怪论"，这从另一个侧面说明，自然语言条件句也许不是真值函项的，也就是实质条件句的真值只是自然语言条件句的一个充分条件，但却不是一个必要条件，条件句的真可能和其他的情况相关。从文献上看，对于这种由于自然语言条件句的可断定性条件与其所对应的实质条件句之间不匹配而产生的怪论问题，有很多不同的回应。很多逻辑学家认为把条件句作蕴涵的解释与这个条件句的本义是不恰当相符的，借助模态逻辑和概率逻辑研究成果，学界对自然语言条件句进行了不同的说明，这些说明不同于实质条件句进路，其中，学者们把条件句进行了分类，认为条件句可以大体上分为反事实条件句与直陈条件句两大类，针对反事实条件句，出现了语言学进路和可能世界进路，针对直陈条件句，出现了概率进路、认知进路和本体论进路。在本文中，我们把这些与实质蕴涵研究进路不一致的研究进路统称为非实质条件句进路。

1. 语言学进路

对于超出实质条件句为真的"如果 A，那么 C"为真的问题，人们已经提出了更深层情况的说明。按照这种观点，"如果 A，那么 C"被分析为由命题 A 和 C 所表述的断定（由 A 得到 C 的断定）加上某种从语境积聚的其他假设，这种观点被称为语言学进路，学界之所以把这种思想称为语言学进路，原因在于这个理论试图依据语言学概念，如衍推和前提来说明反事实条件句的真值条件。语言学进路是围绕反事实条件句而展开的，基本思想是反事实条件句 A >C 是真的当且仅当 A 加上某些其他的相关前提衍推 A，这个理论的支持者主要有齐硕姆和古德曼等人。从表面上看，这个理论好像很好地捕捉到了涉及反事实条件句的我们的直觉。例如，当我们说："如果火柴已被摩擦了，它就会被点燃。"我们表示的是"火柴点

---

① Edwin Mares (1998). Relevance Logic. http://plato.stanford.edu/entries/logic-relevance/.
② Ibid.

燃"可以从"火柴被摩擦"合取自然律和其他的相关背景条件取得的。这些背景条件包括火柴制作完好、干燥、氧气充分，等等。但是，何种情况能产生条件相干？为了达到唯一的分析或者说明的目的，任何语言学理论都要提供相干添加特性的原则方式。这就是古德曼所说的"相关添加难题"。最明显的是相干条件不是全部的现实真，即对于这些真语句之间的关系而言，前件却是虚拟性的（即"反事实"的）。所以，任何后件都会从矛盾中推出。

2. 可能世界进路

可能世界进路来源于这样一种思想：当人们使用一个"反事实条件句"时，我们设想一个事件的可能状态可以与前件为真的现实相区别，并且认为在那种情况下后件也是真的。可能世界进路的支持者主要有斯塔尔纳克（Robert Stalnaker）和刘易斯（David Lewis）。但是，他们的理论又有所不同，路易斯的可能世界进路仅仅针对反事实条件句，而斯塔尔纳克的可能世界进路针对所有条件句。斯塔尔纳克认为一个条件句前件可接受的最小修正是信念主体对前件为真的世界的最小修正。所以，他认为如果一个条件句是真的，那么仅仅在现实世界中需要前件真的最小修正之后，后件是真。[1] 按照斯塔尔纳克的这种观点，一个 a 为真的可能世界，它应该最低限度地与现实世界不同。刘易斯则认为反事实条件句"如果 A，那么会 C"是真的，当且仅当某些 A、C 都真的世界比任何 A 真、C 假的世界更加相似于我们的现实世界。[2] 当然，刘易斯的上述观点严重依赖于相似性的概念。很明显，相似性可以应用到很多不同的方面。学界常用来质疑上述思想的一个例子是：如果我们设想有一个红色的圆圈、一个红色的正方形和一个蓝色的圆圈这种情况，要判断这三者之间谁比谁更加相似是困难的。这个缺陷说明"相似性关系"不能成为全面相似性直觉判据的基础。如果考虑到相似性的相关方面（会对反事实条件句产生正确结果），那么刘易斯的理论还需要进一步精致化。

3. 概率进路

为了解决规定一个命题比"如果 A，那么 C"所表述的实质条件句更

---

[1] Stalnaker, Robert C. (1968). A theory of Conditionals. in Harper, W. L., Stalnaker, R., and Pearce, G. (eds). Ifs: Conditionals, Belief, Decision, Chance, and Time. Dordrecht: D. Reidel. 1981.

[2] Lewis, D. (1973). Counterfactuals and Comparative. in Harper, W. L., Stalnaker, R., and Pearce, G. (eds). Ifs: Conditionals, Belief, Decision, Chance, and Time. Dordrecht: D. Reidel. 1981.

强的问题。有些学者认为简单条件句缺乏真值。这种条件句思想由 E·亚当斯、吉伯德（Allan Gibbard）等人所采用。这条进路对原有实质条件句思想进行了否定式反思，认为条件句不是命题，因而不具有真值。非真值条件进路认为（非嵌套）条件句的概率由相应的条件概率给出，其核心思想是经由经典贝叶斯条件化，把 A 作为条件，主体在已知 A 的情况下来确定他们对 C 的信念度，并以此为基础提出了条件句概率语义学，很明显，这种进路类同于在解释"如果 A，那么 C"言语的意图中引入一个假定的概念。所以，这条进路主要关注条件句的可接受性情况而不是真值情况。但是，刘易斯认为这条进路是不成立的，他首先证明了条件句概率不是条件概率，条件概率是条件句的概率只能在"平凡结果"中出现。随后，卡尔斯屯—希尔（Carlstrom-Hill）在刘易斯证明的基础上，对平凡结果进行了进一步的强化，提出了静态的平凡结果。[①]

4. 认知进路

加登福斯（Gärdenfors）在（非或然）信念修正的基础上，提出来一个关于可接受性条件的条件句理论。加登福斯首先发展了认知类型的语义理论，与经典的条件句语义理论相反，加登福斯坚持一个语句并不是从一些对应世界得到它的意义。而是，在一个信念系统中可以决定这个语句的意义。[②]

认知进路的核心概念是可接受理论，主要依据（非或然）信念修订策略对条件句提出了一个可接受性条件，埃克尔（C. E. Alchourron）、马克森（D. Markinson）等人也持有这种观点。

5. 本体进路

本体条件句逻辑思想来源于斯塔尔纳克的《一个条件句理论》（1968），在这篇文章中，斯塔尔纳克发展了拉姆齐的测验的思想，以评价假设语句的可接受性。斯塔尔纳克认为一个具有真值条件的条件句的理论解释要符合"Ramsey 测验"的可接受性条件说明。斯塔尔纳克在明确地叙述了他对"Ramsey 测验"的理解后，他完成了把信念情况（belief condition）转变为使用"可能世界"观念的真值情况。代表人物是斯塔尔纳克、J. Burgess、Brian F. Chellas 等人。

当代绝大多数条件句逻辑理论或是衍生于它们中的一条进路，或是它

---

① Carlstrom, I., and Hill, C. (1978). Review of E. Adams'*The Logic of Conditionals*, *Philosophy of Science*, p. 45, pp. 155 – 8.

② 具体分析参见 Gärdenfors, P. (1988) *Knowledge in Flux*, Cambridge, MA: MIT Press.

们中几条进路的融合，这些主流条件句逻辑理论从不同的视角解释了条件句，各具特色，但它们又都面临一些困境，与这些困境密切相关的是一些哲学上的问题。这些哲学问题已引起国外逻辑学界的关注，一些学者进行了探索性研究，现有成果主要包括五个方面：

1. 语言学进路的循环问题

语言学进路的核心思想是"共支撑（cotenability）理论"，尽管这条进路很符合人们的直觉，但这条进路面临一个无法避免的困境：循环。斯隆（Michael Slote）、帕瑞（W. T. Parry）和科瑞（John C. Cooley）等人分别在"共支撑理论"中添加时间因素、因果相关等来解决这个问题，但并不能避免循环困境的出现。

2. 可能世界进路的恰当性问题

可能世界进路对条件句提供了一个可能世界语义学公理系统，但这条进路严重依赖于相似性的概念，我们很难把相似性关系作为全面相似性的直觉判断基础，法恩（Kit Fine）、本内特（Jonathan Bennett）、伊格拉（Adam Elga）和洛厄（Barry Loewer）等人都持有这种反对观点，他们对由相似性衍生出来的可能世界进路的基点"限制假设"和"唯一假设"进行了强烈的质疑。

3. 条件句有无真值

概率进路的核心思想是"NTV（No Truth Value）观点"，其基本内容是条件句不是命题，它没有真值条件并且无真值，既不为真也不为假，只表现为一个相应的概率值。吉伯德（Allan Gibbard）、伊丁顿（Dorothy Edgington）和范弗拉森（Bas van Fraassen）等人认为这条进路是恰当的，但戴维·刘易斯（David Lewis）、黑尔（Christopher S. Hill）和哈杰克（Alan Hájek）等人的"平凡结果"（triviality result）却显示这条进路并不成立，他们认为"条件句的概率不等于条件概率"。

4. 信念修正与完全信念改变的直觉假设

认知进路的核心概念是可接受理论，主要依据（非或然）信念修订策略对条件句提出了一个可接受性条件，C. E. Alchourron、D. Markinson 等人也持有这种观点，但这种思想与其理论中的三个完全信念改变的直觉假设不相容，这种现象出现的后果与概率进路中的"平凡结果"是一样的，尽管 Isaac Levi 对此进行了修正，但并不能完全解决这个问题。

5. 本体进路的恰当性问题

本体进路也面临着困境，按照这种观点，一个可能世界就是一个假定的信念储存的本体论相似物。假如存在一个 p 为真的可能世界，其与现实世界之间存在着最低程度的区别，那么仅仅在 p 为真的可能世界中 q 为真或者为假的情况，也就是简单条件句"如果 p，那么 q"为真或者为假。但是，这种本体论进路却不适合用于传递一个经典条件句逻辑完全类的统一语义学。

文献检索表明，国内学者对当代条件句逻辑的哲学问题基本没有系统研究，但他们关于条件句逻辑的研究工作对于本研究具有重要的参考价值，如张家龙教授、张清宇教授、李小五教授、陈波教授、冯棉教授、陈晓平教授以及中国台湾地区的王文方教授等人的研究工作。

通过对上述条件句逻辑的发展历程的考察，我们可以得到如下启示：(1) 条件句的逻辑哲学中心问题是形式系统内的推理有效性是否恰当地符合非形式原型的问题。正如数学中"数"和"形"的概念是从现实世界得来的一样，条件句逻辑的形式化的推理也是从现实生活得来的。条件句逻辑既不是从天上掉下来的，也不是聪敏的学者的头脑中所固有的，而是扎根于日常生活和科学推理中。从能动反映论的观点看，条件句逻辑认识能够为日常语言中科学推理的现实原型提供精巧而正确的映像、模型或合理的重构。条件句逻辑中高度形式化的推理，来源于日常语言和科学实践中的未经形式化的推理。因此，条件句的逻辑哲学中心问题就是形式系统内外的推理有效性是否恰当符合的问题。① (2) 每一种新的条件句逻辑都在一定程度上改进了经典条件句逻辑，都从一定方面克服了经典条件句逻辑的不足或限度。比较激进的非经典条件句逻辑甚至敢于修改逻辑的基本定律和根本性的观念，大刀阔斧进行改革。近几十年来，非经典条件句逻辑的兴起和发展，势头迅猛，成为当代逻辑哲学主流中不可轻视的一股力量。

因此，对条件句逻辑的演进及新发展进行研究，有助于我们从深层次理解条件句逻辑的本质，为提出更为恰当的条件句理论提供哲学基础。因此，从当代逻辑发展的态势看，广泛深入地对条件句逻辑的哲学基础及其意义进行研究，不仅具有理论意义，而且具有实践意义。当然，学术界在研究当代条件句逻辑过程中提出了一些富有价值和启发意义的思想观点，同时也存在着明显的不足，这表明当代条件句逻辑仍是一个尚未完全解决的课题，有必要进行全面深入的系统研究。

本书正是打算在此背景下研究条件句逻辑的演进与新发展。自斯多噶

---

① 参见桂起权《当代数学哲学与逻辑哲学入门》，华东师范大学出版社 1991 年版，第 97—116 页。

学派以来，尽管中世纪的逻辑学家对此作出了很多贡献，但条件句逻辑并没有得到长足的发展，中世纪逻辑学家仅仅是把蕴涵和条件命题看成同一的，而且一般都表示为不可能前件真而后件假。二十世纪中期，随着现代形式逻辑的发展，出现了一大批有别于"实质蕴涵"理论的条件句逻辑，这些条件句理论从对条件句进行"实质蕴涵"的解释转向更加注重条件句的可断定条件和对应条件句两者之间是否匹配的问题。和历史上其他的条件句进路相比，这些条件句进路的思想极具理论价值，在条件句研究中占有重要的地位。基于上述原因，笔者选择了对条件句逻辑的演进与新发展进行研究，目标是全面梳理条件句逻辑的发展脉络以及它们面临的困境，并从逻辑哲学的角度对其进行评析。

在第一章，我们介绍了古代的条件句逻辑。整个古希腊后期，逻辑学研究分为两个大的学派，一个是渊源于亚里士多德逻辑思想的逍遥派，另一个是渊源于麦加拉学派的斯多噶学派。亚里士多德的逻辑思想主要由证明的思想所引起，而麦加拉学派则主要关注论辩术和论证的研究。对条件句的研究最早来源于古希腊，令人遗憾的是亚里士多德逻辑并没有涉及命题逻辑。关于条件句逻辑研究的发端，有人说条件命题始自斯多噶学派，但是从古人留下的资料来看，实际上麦加拉学派已知道条件命题。塔尔斯基对此指出："关于蕴涵的讨论，在古代就已开始。希腊哲学家菲罗在逻辑史上大概是第一个传播了实质蕴涵的用法的人。"[1] 令人遗憾的是，由于年代的久远，麦加拉学派和斯多噶学派哲学家的著作大都已散失，流传下来的很少。但是，正是凭借这极少的著作，使得我们可以一窥早期条件句逻辑思想的面貌。

中世纪的时间跨度一般指公元476年西罗马帝国灭亡到1640年英国资产阶级革命这一段时间。在第二章中，我们系统探讨了进入中世纪后条件句逻辑思想的发展历程，在这个阶段，条件句的蕴涵理论成为这个时期的两大逻辑理论之一，它最早见于波依休斯的论述。波依休斯是古希腊罗马逻辑与中世纪逻辑之间的联系人，波依休斯吸取了斯多噶学派把推出关系的概念和条件句有效性的概念等同的思想，认为推论（consequentia）既是结论对其前提的关系，又是条件句后件对前件的关系。但是，中世纪对蕴涵理论的研究的真正繁盛时期是14世纪，从总体上看，中世纪逻辑学家关于假言命题的真值条件有很大分歧。一般认为，一个真的假言命题就是"推论"（consequentia）。因此，确定假言命题的真值条件就等同于要定义

---

[1] 马玉珂：《西方逻辑史》，北京：中国人民大学出版社1985年版，第98页。

"推论"这个词项。这时期讨论过条件句逻辑的逻辑学家主要有阿尔伯特、威廉·奥卡姆、伪斯各脱、布里丹和保罗等人,他们在讨论前提和结论的关系的基础上进而讨论了任何两个命题之间的蕴涵关系。从时间的前后顺序看,中世纪条件句思想的发展主要分为三个阶段,前期条件句思想的发展主要有波依休斯和阿伯拉尔等人,中期主要有罗伯特·基尔沃比(Robert Kilwardby)和伪斯各脱等人,后期主要有威廉·奥卡姆和布里丹等人。

从上述两章的论述,我们不难发现,自斯多噶学派以来,尽管中世纪的逻辑学家对此作出了很多的贡献,但条件句逻辑并没有得到长足的发展,中世纪逻辑学家仅仅是把蕴涵和条件命题看成同一的,而且一般都表示为不可能前件真而后件假,这种思想与斯多噶学派的逻辑思想区别并不是很大。在第三章,我们分析了近代的条件句逻辑。近代的条件句逻辑以弗雷格和皮尔士为代表,弗雷格和皮尔士相继提出了基于"费罗蕴涵"的实质蕴涵的观点后,条件句逻辑得到了长足的发展。按照这种观点,自然语言条件句表述了由条件句前件、后件所构成的真值函数。从真值表我们不难发现,按照实质蕴涵的观点,一个实质条件句 $A \supset C$ 逻辑等价于 $\neg A \vee C$ 或者 $\neg(A \wedge \neg C)$。我们认为,在近代,弗雷格和皮尔士等人所提出的实质蕴涵思想在逻辑上具有重要的学术价值和理论意义。

在第四章中,我们讨论了经罗素、怀特海、维特根斯坦、蒯因等人的发展、充实的传统实质条件句逻辑思想,如果把简单的条件句"如果 A,那么 C"作实质条件句的解释,则会出现违反人们直觉的怪论(paradox)。对于这种自然语言条件句的可断定条件和对应的实质条件句两者之间不匹配而产生怪论的问题,学界已经对传统的实质条件句进路作出了各种各样的回应。主要有两种观点:扩充实质条件句进路。这条进路认为传统的实质条件句进路是合理的,也就是实质条件句与自然语言条件句有相同的真值条件,只不过需要对这个理论进行扩充,这种观点的支持者主要有格赖斯和杰克逊(Frank Jackson)。另一条进路是变异的实质条件句进路,主要包括严格蕴涵、相干蕴涵和衍推等思想,代表人物有 C.I. 刘易斯、安德森(Anderson)、阿克尔曼、贝尔纳普(Belnap)等人。

由于实质条件句进路会产生一些不符合人们直觉的怪论(paradoxes),为了解决这一问题,学界进行了广泛的讨论,从文献上看,当代研究条件句的理论非常多,从总体上完全把握这些理论确实存在一定难度。但是,我们至少可以区别出当代条件句研究的两次浪潮。我们梳理了这两次条件句逻辑研究浪潮。第一次研究浪潮起于 20 世纪 40 年代后期,结束于 20 世纪 60 年代早期,代表人物有齐硕姆(Chisholm)、古德曼(Goodman)以及瑞斯切（Rescher）等人。这个时期的研究工作主要是围绕条件句的可保持性理论（cotenability theories）展开。这个理论的最基本的思想是：如果一个条件句的前件（加上适合的前提）衍推它的后件，那么这个条件句就是可断定的。也就是说，我们也可以通过这个观点来论证：如果从条件句的前提（加上适合的相互可维持的前提）到条件句的结论的论证是存在的，这个条件句就是真的，这条研究进路也被称作语言学进路。

尽管第一次条件句研究浪潮并没有给条件句逻辑的研究带来足够的关注。但是，这个阶段的研究却引发了以"Ramsey 测验"为逻辑研究起点的第二次条件句逻辑浪潮。这次研究浪潮以 1968 年斯塔尔纳克（Robert Stalnaker）对条件句配置了一个可能世界语义学并提供了一个公理系统为起点，到 1978 年加登福斯（Gärdenfors）依据信念修正策略对条件句提出了一个可接受性条件为终点。在第二次条件句研究浪潮中，出现了三条根源于"Ramsey 测验"的完全不同的条件句逻辑的研究路径——可能世界进路、概率进路和认知进路，这三条进路也是当代条件句逻辑研究的主流。

在第四章中，我们还探讨了当代条件句逻辑的新发展以及对当代条件句逻辑的发展进行了展望。近年来条件句逻辑的发展主要围绕着扩充的实质条件句进路、变异的实质条件句进路、语言学进路、概率进路、可能世界进路以及认知进路的研究进行了进一步的细分。我们认为条件句逻辑虽然有着悠久的研究历史，但是其形态不是一成不变的，它随着时代的前进而不断地发生变化，当代条件句逻辑研究的各条进路所面临的困境给条件句逻辑研究提出了新的问题，这就客观上要求条件句逻辑的研究要着眼于如何解决条件句逻辑与人们的直觉不符的问题，着眼于当代逻辑发展的导向，进一步创新研究思路，以发现能与现实生活恰当相符的条件句逻辑，从而使这一理论更富有科学性和实践性。

综上所述，本书的主要创新之处可以简要归纳为：研究选题的前沿性。条件句逻辑的问题是国内逻辑学研究中的薄弱环节，本成果首次对该问题进行系统研究，厘清了条件句逻辑演进的脉络，并对当代条件句逻辑的新发展进路作了展望。观点的开拓性。本书从四个方面研究条件句逻辑的演进与新发展的问题，从时间的视角透视了条件句逻辑演进与新发展的问题，突破了条件句逻辑研究中长期以来占主导地位的"碎片化"问题，拓展了分析问题的视野和思路。同时，条件句逻辑是重要的，因为在某种意义上，全部逻辑，至少是旨在刻画推理的逻辑，都建立在澄清和研究"如果 A，那么 B"的真值和涉及此类条件句的推理的形式有效性之上。

当代条件句逻辑发展对本成果提供了更多的素材，对这些新的条件句逻辑进行的探讨，有助于我们从深层次理解条件句逻辑的本质，为提出更为恰当的条件句理论提供理论基础。文献检索表明，国内学者对条件句逻辑的演进与发展没有进行系统研究，但他们关于条件句逻辑的研究工作对于本研究具有重要的参考价值。学术界在研究条件句逻辑过程中提出了一些富有价值和启发意义的思想观点，同时也存在"碎片化"的问题，这表明对条件句逻辑进行系统的研究仍是一个尚未完全解决的课题，有必要进行全面深入的研究。当然，由于水平所限，书中难免会有一些错漏之处，敬请各位专家学者予以批评和指正。

第一章 古代的条件句逻辑思想

在英文中，条件句一般都具有"如果……那么……"的形式，人们依据其动词语气的不同，往往把条件句简单地分为直陈条件句（indicative conditionals）与虚拟条件句（subjunctive conditionals）两类。尽管这两类条件句只是在动词语气上存在不同，但是，关于这两类条件句的解读，却存在不同的观点，有人认为它们只是在语意上存在差异，如伍兹（M. Woods）和斯塔尔纳克（R. Stalnaker）等人，有些学者则认为它们在语用上存在差异，如刘易斯（D. Lewis）和杰克逊（F. Jackson）等人。

在整个古希腊后期，逻辑学研究实际上是分为两个大的学派的：一个学派是渊源于亚里士多德逻辑思想的逍遥派，另一个学派是渊源于麦加拉学派的斯多噶学派。亚里士多德的逻辑思想主要由证明的思想所引起，而麦加拉学派则主要关注论辩术和论证的研究。

条件句具有悠久的研究历史，在现存的文字记载中，条件句的研究最早可以追溯到古希腊。当时，对于条件句的性质的问题，争论是很激烈的，威廉·涅尔和玛莎·涅尔在其所著的《逻辑学的发展》中就提到："甚至屋顶上的乌鸦都也在叫嚷条件句的性质"。[1] 关于条件句的研究的开端，"有人说条件命题始自斯多噶学派，实际上麦加拉学派已知道条件命题。塔尔斯基指出：关于蕴涵的讨论，在古代就已开始。希腊哲学家费罗在逻辑史上大概是第一个传播了实质蕴涵的用法的人"[2]。令人遗憾的是，由于年代的久远，麦加拉学派和斯多噶学派哲学家的著作大都已散失，流传下来的很少，正是凭借这极少的著作，使我们得以一窥早期条件句逻辑思想的面貌。下面，我们简要介绍麦加拉学派和斯多噶学派的条件句逻辑思想。

---

[1] 〔英〕威廉·涅尔、〔英〕玛莎·涅尔：《逻辑学的发展》，张家龙、洪汉鼎译，北京：商务印书馆1985年版，第166页。
[2] 马玉柯：《西方逻辑史》，北京：中国人民大学出版社1985年版，第98页。

第一节　麦加拉学派的条件句逻辑思想

对于条件句的研究，有人认为始于斯多噶学派，但据历史文献记载，麦加拉学派应该是条件句逻辑研究的发端。亚里士多德在《前分析篇》中，在表述不同的三段论原则时，尽管也使用了条件语句的形式，但是在他的命题分类中，并没有涉及这一问题。而芝诺在论辩中所使用的论证则有"如果 P，那么 Q，如果 P，则非 Q；所以 P 是不可能的"[①]的形式。

我们知道，麦加拉学派是早于亚里士多德的一个学派，它属于苏格拉底学派，由信奉苏格拉底学说的门徒所组成，这个学派的逻辑思想涉及三个和现代逻辑密切相关的问题：逻辑悖论、条件句命题以及模态概念。麦加拉学派的创始人是欧几里德（Euclid，生于公元前五世纪末），欧几里德是一位与柏拉图同时代的学者，年龄也比柏拉图大一些。他的门徒主要有欧布里德（Eublides，公元前四世纪）和斯底柏（Stilpo，公元前四世纪）。其中，斯底柏则是后来斯多噶学派创始人芝诺的老师，而欧布里德的学生有底奥多鲁·克鲁纳斯（Diodorus Cronus，约死于公元前 307 年），底奥多鲁·克鲁纳斯的学生有费罗（Philo，公元前四世纪）（关于 Philo 的译法，学界并没有统一，有的学者译成费罗，有的学者译成菲罗，为了统一，在本书中，我们把 Philo 译成费罗），麦加拉学派在逻辑上已经取得了比苏格拉底学派更大的成就，如果说亚里士多德逻辑是词项逻辑的开端，那么麦加拉逻辑则是命题逻辑的起点。

塞克斯都·恩披里柯（Sextus Empiricus）[②]记述了底奥多鲁·克鲁纳斯教人辨别一个推理是否是假言推理的故事，并在《皮浪主义要旨》（Ⅱ）转述了费罗的话："一个条件命题是正确的，不是前件真，后件假。"[③]他在《反对数学家》中还说费罗认为一个条件命题在三种情况下为真：

---

① 〔英〕威廉·涅尔，〔英〕玛莎·涅尔：《逻辑学的发展》，张家龙、洪汉鼎译，北京：商务印书馆 1985 年版，第 1166 页。
② 塞克斯都·恩披里柯（Sextus Empiricus）（公元 160 年—公元 210 年），是一名医生和哲学家，据资料记载，他住在亚历山大或者雅典。他的哲学工作主要是最完整地记录了古希腊哲学思想和罗马的怀疑。其主要的著作有《怀疑论框架》（Outlines of Pyrrhonism）和《反对数学家》（Against the Grammarians 或 Adversus Mathematicos），关于麦加拉学派和斯多噶学派条件句思想的论述也主要集中在上述著作中。
③ 马玉柯：《西方逻辑史》，北京：中国人民大学出版社 1985 年版，第 98 页。

起始真，结尾真，例：如果是白天，那么是亮的。
起始假，结尾假，例：如果地球飞行，那么地球有翅。
起始假，结尾真，例：如果地球飞行，那么地球存在。
当且仅当：起始真，结尾假，才假。例：如果是白天，那么是黑夜。①

由此可见，这种条件句思想实际上就是后来的实质蕴涵思想。对于这种情况，塔斯基曾说：

这是有趣的事情，关于蕴涵的讨论，在古代就已开始。希腊哲学家费罗（Philo）在逻辑史上大概是第一个传播了实质蕴涵的用法的人。②

当时麦加拉学派对蕴涵的讨论是热烈的，成果也较多，从塞克斯都·恩披里柯原本中可以发现麦加拉学派所讨论的四种条件句思想：

[1] 费罗说，完善的条件句是一种不是开始于真而结束于假的条件句，例如当白天时，我在谈话，陈述句"如果是白天，我就在谈话"。[2] 但是，第奥多鲁斯说，完善的条件句是一种既非过去可能、又非现在可能开始于真和结束于假的条件句。按照他的说法，刚才所引的条件陈述句似乎是假的，因为当白天我已经变得沉默无言时，它就是开始于真而结束于假。但是下面的陈述句却似乎是真的："如果事物的原子成份不存在，则事物的原子成份存在"。因为他主张这个陈述句总是开始于假的前件"事物的原子成份不存在"，结束于真的后件"事物的原子成份存在"。[3] 那些采用联系概念的人说，一个条件句当它的后件的矛盾句是和它的前件不兼容时就是完善的条件句。按照这些人的观点，上述条件句是不完善的，但是下面这个条件句却是真的："如果是白天，那么是白天"。[4] 那些用蕴涵关系来判断的人说，一个真的条件句是其后件潜在地包含在前件里的条件句。按照他们的观点，陈述句"如果是白天，那么是白天"，以及类似的每一个是重复的条件句都显然是假

---

① 江天骥：《西方逻辑史研究》，北京：人民出版社1984年版，第87页。
② 同上书，第88页。

的；因为事物不可能包含在自身之中。①

依据塞克斯都·恩披里柯的上述论述，我们可以把麦加拉学派的条件句思想简单地分为如下四种：

1. 费罗的条件句思想

在上述论述中，我们不难发现，麦加拉学派实际上已把一个简单条件句（在本书中，如果没有特别说明，本书中所讨论的条件句是指简单条件句，特指只含有一个语句为前件，一个语句为后件的非嵌套条件句）中的第一个命题称为前件，把这个简单条件句的第二个命题称为后件。费罗认为，一个条件句或条件命题是真的，当且仅当它不是前件真而后件假。对于费罗的条件句思想，塞克斯都·恩披里柯接着指出：

> 所以按照他的观点，条件句可以有三种方式是真的，一种方式是假的。首先，一个条件句如果它开始于真并且结束于真，则该条件句是真的，例如"如果是白天，那么天是亮的"；其次，一个条件句如果它开始于假并且结束于假，则它也是真的，例如"如果地球飞行，那么地球有翼"；同样，如果一个条件句开始于假并且结束于真，那么这个条件句本身也是真的，例如"如果地球飞行，那么地球就存在"。一个条件句是假的，仅当它开始于真并且结束于假，例如"如果是白天，那么就是夜晚"。②

根据以上内容我们可以列出如下真值表：

表 1.1　　　　　　　　　　实质条件句的真值表

前件	后件	条件命题
真	真	真
真	假	假
假	真	真
假	假	真

---

① 〔英〕威廉·涅尔，〔英〕玛莎·涅尔，《逻辑学的发展》，张家龙、洪汉鼎译，北京：商务印书馆1985年版，第167页。
② 同上书，第168页。

由此可见，按照费罗的观点，一个真的条件命题可以用三种方式得到：(1) 以真的前件开始并且以真的后件结束；(2) 以假的前件开始并且以假的后件结束；(3) 以假的前件开始而以真的后件结束。一个假的条件命题只有一种情况，即以真的前件开始而以假的后件结束。可见，费罗的条件句理论实际上就是现代逻辑的实质条件句理论。

但是，威廉·涅尔和玛莎·涅尔认为：

> 图表法直到最近才引进，但是真值函项依赖关系的概念，费罗显然是完全清楚的。他为什么会认为"如果……那么"能够用这种方式来定义呢？从表面上看，他对这个短语的意思所作的说明不是很有道理的；因为我们通常造一个条件陈述句，并不只是由于说它满足了有一个假前件或者有一个真后件这个要求才定义它是条件陈述句的。塞克斯都所举的费罗的例子表明了费罗观点的奇特性质；因为没有任何人会自然而然地说"如果是白天，那么我在谈话"仅仅因为曾经有一天而他在谈话。看起来，费罗故意地坚持这种奇怪的陈述句的正确性，好像是因为他想把普通的用法加以推广。①

费罗定义了条件句，对此，威廉·涅尔和玛莎·涅尔进行了详细的分析：

> 如果我们把条件句定义为包含有两个命题记号的任一复杂陈述句，并使得这个复杂陈述句和第一个命题记号的合取推出第二个命题，那么我们就同意了费罗的观点。他（指费罗——引者）显然是想主张这个定义的，即使这个定义使他把某些看起来相当奇怪的陈述句认为是真的。②

按照威廉·涅尔和玛莎·涅尔的理解，这也许就是费罗与底奥多鲁产生分歧的原因之一。因为：

> 费罗的定义对于麦加拉学派的哲学家，甚至比对于大多数现代读

---

① 〔英〕威廉·涅尔，〔英〕玛莎·涅尔：《逻辑学的发展》，张家龙、洪汉鼎译，北京：商务印书馆1985年版，第168—169页。
② 同上书，第169页。

者还更奇怪。因为麦加拉学派的哲学家习惯于在表示归谬论证里使用条件陈述句。如果一位芝诺的门徒想反驳某个通常的假定 P，他就构造"如果 P 则 Q；如果 P 则非 P；所以 P 是不可能的"这种形式的论证。在这方面，他不能单纯根据他的条件句满足了费罗的要求而断定他的条件句。他显然是相信它们的共同的前件是假的，而这按照费罗的标准就足够保证这两个命题都是真的。①

我们认为，费罗的条件句思想在条件句逻辑史上具有重要的地位，从现代逻辑的眼光看，费罗的条件句思想实际上就是我们现在所说的实质蕴涵，他也是第一个使用实质蕴涵的人。但是，从文献上看，底奥多鲁显然对这种条件句思想持有不同意见。

2. 底奥多鲁的条件句思想

底奥多鲁的条件句思想与费罗的有所不同，他们之间最大的不同是底奥多鲁的条件句思想中包含一个自由的时间变项。他认为一个条件命题是真的，如果现在不可能过去也不可能前件真而后件假。例如，当白天时，我在谈话。按照费罗的观点，并非前件真后件假的条件命题为真，这样条件句"如果这是白天，那么我交际"是真的；但是按照底奥多鲁的说法，这个条件句是假的，因为可能"白天我不交际"，也就是当现在依然是白天的情况下，但是我却已经停止了和别人的交际；另外，由于过去出现一个条件句的前件真而后件假的情况也是可能的，也就是在我开始交际之前出现。因此，"如果这是白天，那么我交际"这个条件句语句并非在所有时间里都是成立的。但是，威廉·涅尔和玛莎·涅尔指出：

> 第奥多鲁斯陈述他的观点的语句（如果这是他的语句的话）有一个其它的地方，就是在"过去不是可能的"（was not possible）之外又引进了"现在不是可能的"（is not possible）这一短语。但这是多余的，因为按照他的可能性定义，如果前件是真的而结论是假的过去不是可能的，那么前件是真的而结论是假的现在也不是可能的。②

底奥多鲁的条件句思想是有问题的，因为他的观点中仍会出现一些

---

① 〔英〕威廉·涅尔，〔英〕玛莎·涅尔：《逻辑学的发展》，张家龙、洪汉鼎译，北京：商务印书馆 1985 年版，第 169—170 页。
② 同上书，第 171 页。

怪论：

（a）任何一对过去同时变成真的过去时态的真陈述句形成一个完善的条件句，而不管前后件的次序。

（b）从任何一对过去并不同时变成真的过去时态的真陈述句，我们可以这样来构造一个完善的条件句，即让一个以后变成真的陈述句作为前件，而让另一个先前变成真的陈述句作为后件，因为前者真，而后者假，是决不能成立的。

（c）任何一对将要同时变成假的将来时态的真陈述句形成一个完善的条件句，而不管前后件的次序。

（d）从任何一对将不同时变成假的将来时态的真陈述句，我们可以这样来构造一个完善的条件句，即让一个首先变成假的陈述句作为前件，而让另一个陈述句作为后件。

（e）任何一个以一个真的一般陈述句作为后件，或以一个假的一般陈述句作为前件的条件句是完善的。①

从底奥多鲁的表述来看，一个条件命题在底奥多鲁的意义上是真的，当且仅当它在所有时刻在费罗意义上都是真的，这种条件句逻辑思想实际上相当于罗素在《数学原理》中所提出的"形式蕴涵"。

3. 联结蕴涵

在古希腊，联结蕴涵是指如果一个条件命题的后件的否定与前件是不相容的，那么这个条件命题就是真的；如果一个条件命题的后件的否定与前件是相容的，那么这个条件命题就是假的，也就是说命题 p 和命题 q 有某种必然联系时，p 严格蕴涵 q。例如，"如果这是白天，那么天是亮的"是一个在联结蕴涵意义上的真命题。因为这一命题后件的否定是"天不是亮的"与前件"这是白天"是不相容的；按照这种思想，条件句"如果这是白天，那么这是白天"也是一个真的联结蕴涵命题。但是，"如果这是白天，那么张三散步"是一个假的条件命题，因为后件的否定"张三不散步"与前件"这是白天"是相容的。

联结蕴涵是由克吕西波（Chrysippus）和底奥多鲁提出的，塞克斯都·恩披里柯在讲关于条件句的理论时就指出：

---

① 〔英〕威廉·涅尔，〔英〕玛莎·涅尔：《逻辑学的发展》，张家龙、洪汉鼎译，北京：商务印书馆 1985 年版，第 171—172 页。

关于逻辑理论的那个最基本观点存在相当大的争论，我们如何能判断像"如果是白天，那么天是亮的"这样一个复杂陈述句的真或假呢？第奥多鲁主张一种观点，费罗主张另一种观点，而克吕西波则主张第三种观点。①

联结蕴涵是克吕西波逻辑思想的核心内容，他的逻辑体系渊源于芝诺的论辩术，这种逻辑思想有别于亚里士多德的逻辑思想。但是，由于年代久远，关于联结蕴涵的文献已经遗失，我们只能从其它学者论着的残篇中找到一些蛛丝马迹。因此，我们很难准确地把握这种思想的实质。但是，有一点是毋庸置疑的，那就是后世学者 C. I. 刘易斯把这种条件句思想发展为符号逻辑中的严格蕴涵：如果 q 和 p 不兼容，那么 p 严格蕴涵 q。

4. 包含蕴涵

对于包含蕴涵，塞克斯都·恩披里柯把其解释为：

如果被蕴涵命题是潜在地被包含在第一个命题中，那么这个蕴涵是真的。也就是如果一个条件句的后件潜在地包含于它的前件之中。那么，这个条件命题就是真的。②

但是，这种观点很不清楚，并没有被以后的学者所采用。因此，在此后的古代文献中也没有发现这一条件句思想。

由此可见，对于麦加拉学派已经提出的四种条件句思想：一个条件命题是真的，只要不是前件真，后件假。从底奥多鲁的论述中，我们不难发展他对此则持有不同的看法，他实际上认为如果不是现在、过去也不是前件真，后件假，一个条件命题才为真。也就是说："费罗的条件命题和第奥多鲁的条件命题的关系，并不像有些人所说的是实质蕴涵和严格蕴涵的关系。要知道一个第奥多鲁条件命题的前件和后件都是命题涵项，即隐含有一个自由的时间变项 t，而一个费罗条件命题的成分都是命题。这样，和每个第奥多鲁条件命题相应，我们有无限多的费罗条件命题——每一瞬间都有一个。如果所有这些费罗条件命题都是真的，第奥多鲁命题才是真

---

① 〔英〕威廉·涅尔，〔英〕玛莎·涅尔：《逻辑学的发展》，张家龙、洪汉鼎译，北京：商务印书馆 1985 年版，第 150 页。
② 张清宇：《逻辑哲学九章》，江苏：江苏人民出版社 2004 年版，第 137—140 页。

的；要是有一瞬间 t 使在那个 t 的相应的我罗命题是他的，第奥多鲁命题便是假的。简言之，一个条件命题在第奥多鲁意义上是真的。当且仅当它在所有时刻在费罗意义上都是真的。"①

例如，如果"如果这是白天，那么天是亮的"这个条件语句在第奥多鲁的意义上是真的，那么这个条件语句当且仅当在费罗意义上的"如果在 t 时这是白天那么在 t 时天是光亮的"对 t 的每个值都是真的，这个条件语句才是真的。因此，第奥多鲁的条件句思想和近代的罗素的"形式蕴涵"思想是相通的。当然，第奥多鲁的条件句思想尽管与严格蕴涵相似，但是，这两种条件句思想还是存在一定的区别，"现代逻辑家也许不会承认第奥多鲁蕴涵就是严格蕴涵，因为在一切时刻都真的命题不一定是必然真的"②。

联结蕴涵认为如果一个条件句的后件的否定和前件不相容，这个条件命题是真的。第奥多鲁也讨论过这种条件句思想："这样，一个真的条件命题就是其中后件的矛盾同前件不兼容的命题，另一方面一个假的条件命题是其中后件的矛盾和前件兼容的命题"。③ 这种条件句思想尽管是粗糙的，没有形式化。但是，这种条件句思想已经具备严格蕴涵思想的核心，是现代条件句思想严格蕴涵的雏形。上述三种条件句思想都得到了现代学者的注意，并进行了发展，令人遗憾的是，包含蕴涵的思想自斯多噶学派以后，就没有人关注它，这使得这种条件句思想的影响力变得很小，主要原因可能在于我们不知道该如何来理解这种条件句思想。

现在，我们可以把上述四种条件句思想概括如下："一个费罗式条件命题是真的，要是或者其后件或者其前件的否定在现实世界中是真的，一个第奥多鲁式条件命题则在现实世界中是永远真的，例如：'如果这是白天，那么太阳照在地面上。'（这是斯多噶学派的例子）但这并不是在一切可能世界中都真的。克里西普斯式条件命题则是逻辑地真的，在一切可能世界中都是真的。第奥多鲁蕴涵存在于第奥多鲁式条件命题的前后件之间，而克里西普斯蕴涵则存在于一个分析命题的前件和后件之间。第四种蕴涵也许是克里西普斯蕴涵的一种受限制的形式。"④ 对于上述的四种条件句观点，我们也可以用现代的逻辑符号把它们进行重新表述：

---

① 江天骥主编：《西方逻辑史研究》，北京：人民出版社 1984 年版，第 109 页。
② 同上书，第 110 页。
③ 同上。
④ 同上书，第 111 页。

（1）费罗认为一个形如"如果 P…那么 Q…"的语句的涵义就是 P⊃Q，其中"⊃"代表实质蕴涵；

（2）底奥多鲁认为一个形如"如果 P…那么 Q…"的语句的涵义是"$\forall t$（Pt⊃Qt）"，其中"$\forall$"是全称号，"t"是时间变量；

（3）联结蕴涵的条件句思想认为一个形如"如果 P…那么 Q…"的语句的涵义是"□（P⊃Q）"，其中"□"表示"必然"这个模态词；

（4）对于包含蕴涵而言，由于其文献的缺失，我们无法确定"包含"一词的确切涵义究竟是什么。因此，我们很难用现代形式逻辑的语言来表示这一条件句思想。

总之，麦加拉学派对条件句逻辑的发展具有重要的作用，一方面，麦加拉学派对条件句的探讨，为斯多噶学派进行命题逻辑的研究提供了坚实的基础；另一方面，麦加拉学派已经注意到形式蕴涵和实质蕴涵之间的区别，并进行了区分，为后世研究条件句逻辑提供了宝贵的资料。但是，我们也应该看到，由于受客观条件的影响，麦加拉学派的条件句思想也具有一定的历史局限性，他们对条件句逻辑的表述尽管很具体，但是不如现代逻辑表述的那样精确，当然，由于历史的更迭，我们现在很难找到研究麦加拉学派的一手资料。只能借助于二手材料，就像有的逻辑学家所指出的，有关麦加拉学派的资料已经被斯多噶学派给"过滤"了，这也为我们准确地理解麦加拉学派的条件句思想造成了困难。但是，麦加拉学派的条件句逻辑思想的光辉是掩盖不住的。上述两种条件句思想对现代条件句逻辑的发展影响是巨大的。

第二节 斯多噶学派的条件句逻辑思想

在整个古代晚期存在两个逻辑学派，一个是源于亚里士多德的逍遥派，另一个是源于麦加拉学派的斯多噶学派，这两个逻辑学派之间是有着明显的区别。

首先，亚里士多德及其学派的逻辑是词项逻辑，而麦加拉学派却是命题逻辑；其次，亚里士多德逻辑主要由逻辑规律构成，而麦加拉学派的逻辑主要由推理规则构成。从时间上看，这两个学派之间的对峙长达几个世纪，由此引发的论争也持续了数个世纪。从逻辑史的视角看，这场持久的论争促进了逻辑研究领域进一步扩大。因此，对逻辑学的发展是有益的，但是，我们也应该看到其负面效应也是很明显的，即它阻碍了古代逻辑学的快速发展，使得古代逻辑没有发展到应该发展到的高度。

斯多噶学派是公元前3世纪到公元前1世纪在希腊活动的哲学学派。这个学派是由塞浦路斯岛人芝诺（约公元前336年—约公元前264年）于公元前300年左右在雅典创立，由于他通常在雅典的画廊（英文stoics，来自希腊文Stoikoi）讲学，故称为画廊学派或斯多噶学派。其代表人物主要有克利安梯斯（Kleanthes，约公元前330年—公元前231年，芝诺的学生）、克里西普斯（Chrysippus，公元前281年—公元前208年，克利安梯斯的学生）等。值得注意的是，麦加拉学派对在逻辑史上开创命题逻辑先河的斯多噶学派的影响是巨大的。例如，斯多噶学派的创始人芝诺就曾跟随麦加拉学派的费罗和第奥多鲁等人学习过逻辑。

斯多噶学派的辉煌逻辑思想长期以来不但没有受到学界的重视，反而受到了后人的贬低和误解，如普兰特尔等人甚至认为斯多噶学派的逻辑著作的失传是值得庆幸的。但是，是金子总会发光的，近代逻辑学家皮尔士发现，斯多噶学派逻辑已经明确了"实质蕴涵"的这种逻辑思想，认识到斯多噶学派的逻辑是亚里士多德逻辑没有讨论的命题逻辑。随后，卢卡西维兹进而指出，除了实质蕴涵的逻辑思想以外，其他的一些现代形式逻辑的重要概念和方法也来源于斯多噶学派。此后，斯多噶学派的逻辑思想才逐渐被后人接纳。

关于条件命题的真值条件的争论是由麦加拉学派的第奥多鲁和费罗开始而由斯多噶学派继续和加以扩展的，虽然其他三种条件句逻辑思想的看法也各有代表。但是，斯多噶学者的大多数似乎采取了费罗的条件句逻辑思想立场。在现代，皮尔士是对这个古代论战加以评论的第一个有力的逻辑学家，他对于费罗的蕴涵概念和现代化的"实质蕴涵"完全相同这一点有深刻的感受。

不难理解，一个自然语言条件句是通过语词"如果…，那么…"把两个分子命题复合在一起，例如"如果天下雨，那么地湿"；或者"如果地湿，那么天下雨"。从"如果…，那么…"的结构中不难发现，条件句命题的后件是由前件"推出"的，这一点是毋庸置疑的。但是，在"推出"的标准上，斯多噶学派的意见是不统一的：

(1) 析取、合取与蕴涵之间互定义的条件句思想

依据真值表，析取、合取和蕴涵之间可以互相定义，人们一般把这种条件句思想归结为莱布尼兹的贡献，实际上，这种条件句思想早在公元前250年斯多噶学派就已经提出了。因为斯多噶学派认为一些命题函项可以

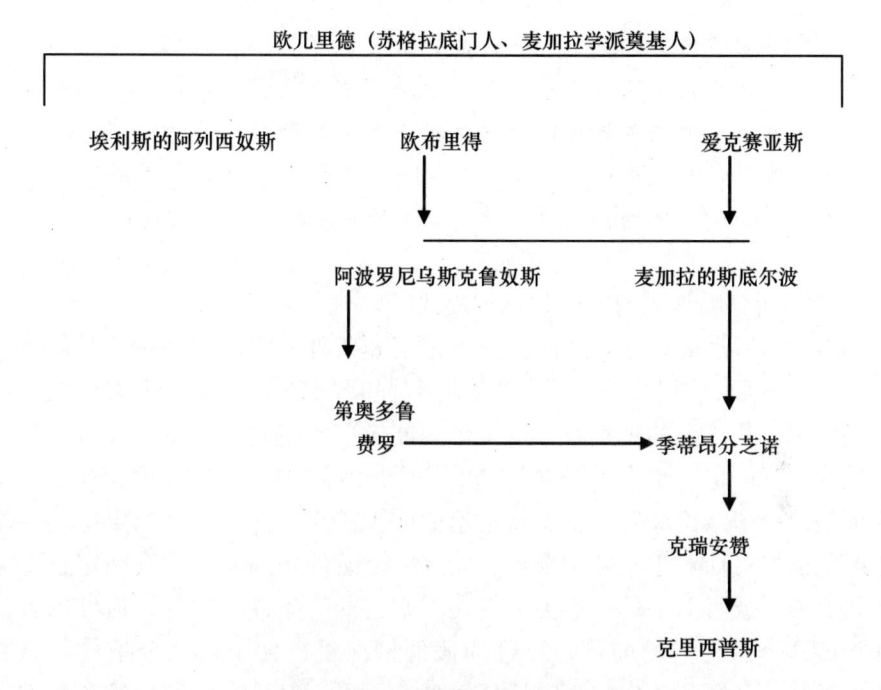

```
                   欧几里德（苏格拉底门人、麦加拉学派奠基人）
        ┌──────────────────────┼──────────────────────┐
   埃利斯的阿列西奴斯        欧布里得              爱克赛亚斯
                                │                      │
                                ↓                      ↓
                      阿波罗尼乌斯克鲁奴斯        麦加拉的斯底尔波
                                │                      │
                                ↓                      ↓
                           第奥多鲁
                           费罗    ──────────→    季蒂昂分芝诺
                                                       │
                                                       ↓
                                                   克瑞安赞
                                                       │
                                                       ↓
                                                   克里西普斯
```

斯多噶学派（包括麦加拉学派）谱系①

互相定义，这实际上就是提出了命题间具有等值关系。其中，斯多噶学派对析取、合取与蕴涵之间的互定义的讨论是众多的，也是比较完整的。

例如，"克里西普斯谈到费罗式条件命题：'如果任何人是在天狼星下面诞生的，那么他将不会在海里被淹死。'建议把它表达为一个被否定的合取命题：'并非：有人既是在天狼星下面诞生的，他又将在海里被淹死。'"②按照这种观点，一个费罗意义为真的条件句与一个否定的合取是可以互相定义的。

盖伦在考察特种不同的命题时指出："析取命题'或者这是白天或者这是夜晚'和条件命题'如果这不是白天，那么这是夜晚'是同义的。"③但是，对于这一点，威廉·涅尔和玛莎·涅尔却有不同意见：

> 盖伦说析取陈述句"或者这是白天或者这是晚上"等值于"如果这不是白天，那么这就是晚上"。从这个例子和内容可以看出他引用

---

① 马玉柯主编：《西方逻辑史》，北京：中国人民大学出版社1985年版，第107页。
② 江天骥主编：《西方逻辑史研究》，北京：人民出版社1984年版，第113页。
③ 同上。

了斯多噶学派的材料。但是，他的断言实际上并不同意析取项的完全对立，而我们知道这正是斯多噶学派通常所主张的。他的表达可能是不准确的，他的意思可能是说析取陈述句等值于双条件句"这不是白天，当且仅当这是晚上"。因为这样一种等值的断言确实符合于斯多噶学派的析取理论，只要条件句总是理解为断定了必然联系。①

（2）斯多噶学派的条件句推理模式

早期的斯多噶学派已经注意到了论证和条件句之间的区别，我们现在考虑"天下雨，因此，地湿"和相应条件句"如果天下雨，那么地湿"之间的区别。从论证的视角看，这个语句断定了天下雨和地湿。而且，还显示地湿为真的信念是由天下雨为真的信念所支持的。我们知道，如果一个论证是由一个结论和若干个支持结论的前提所组成的，那么断定结论要基于断定前提；而对于条件句来说，断定一个条件句的人是不会断定这个条件句的前件或者后件的。因为人们在不知道这个条件句前件、后件的真值和相信这个条件句的前件、后件为假的情况下，会相信一个条件句是真的。尽管一个断定条件句不需要任何论证前提，但是有些论证却有条件句作前提，例如：

如果天下雨，那么地湿。

天下雨。

因此，地湿。

斯多噶学派用数字作为命题变项来表征论证形式，如：

1. 如果第一，那么第二。
   第一。
   因此，第二。
2. 如果第一，那么第二。
   并非第二。
   那么，不是第一。②

斯多噶学派的论证形式共有五个，上面两个是这五个论证模式的基

---

① 〔英〕威廉·涅尔，〔英〕玛莎·涅尔：《逻辑学的发展》，张家龙、洪汉鼎译，北京：商务印书馆1985年版，第211页。

② 同上。

础。但是，后三个不包括条件句作为前提的情况。

3. 并非既是第一又是第二。
第一。
因此，并非第二。
4. 或者第一或者第二。
第一。
因此，并非第二。
5. 或者第一或者第二。
并非第二。
因此，第一。①

从上述五个基本的论证形式，我们可以推出更多复杂的论证形式。但是，在命题逻辑中，由这五个论证模式对得到所有可接受的论证形式不是充分的。斯多噶学派认为他们的逻辑是完全的。但是，我们不知道他们所讲的完全性究竟是什么意思。

我们完全可以把这五个基本的论证形式称为基本的。从这些形式的论证可接受性对理解这些形式所使用的逻辑连接词是本质的视角看，它们也是基本的。如果一个人不理解一个论证的结论来自于前提，那么这个人就不会理解条件句。因为要理解条件句，需要接受上述五个基本论证形式中的前两个。

（3）论证的有效性

对于论证的有效性问题，斯多噶学派也进行了讨论。在谈到这个问题时，第欧根尼（Diogenes Laertius）定义了一个无效的论证形式：

结论的否定与前提的合取兼容。②

因此，一个有效的论证的结论否定与前提合取应该是不兼容的。尽管随后的逻辑学家所定义的有效性概念都比斯多噶学派的要求更严格。但是，没有一个逻辑学家会把一个不满足斯多噶学派的有效性的论证视为是

---

① 〔英〕威廉·涅尔，〔英〕玛莎·涅尔：《逻辑学的发展》，张家龙、洪汉鼎译，北京：商务印书馆1985年版，第211页。
② Diogenes Laertius. (1925) Lives of Eminent Philosophers (VII). Hardcover: Loeb Classical Library, p. 77.

有效的。

按照斯多噶学派的有效性思想，下述论证"如果天下雨，那么地湿。天下雨。因此，地湿"就是有效的，原因在于这个论证的前提的合取与结论的否定不兼容。很明显，前提真而结论假是不可能的。斯多噶学派认识到，一个论证的有效性对于这个论证的结论为真不是充分的。一个有效论证可以有一个或者多个假前提，在这种情况中，这个论证的结论可以为真，也可以为假。一个具有真前提的有效论证一定有一个真结论。这是有效性概念的本质。因此，虽然斯多噶学派没有从推理到形式上定义有效性。但是，斯多噶学派还是发展了有效性概念。

值得注意的是，斯多噶学派与同时期的学者不同的是，他们注意到了条件句与论证是存在区别的，但是他们也注意到了这两者之间的联系。对于任何一个论证，人们都可以把它转换成一个条件句：把论证的前提作为条件句的前件，把论证的结论作为条件句的后件。恩披里柯（Sextus Empiricus）叙述了斯多噶学派这个观点——如果与一个论证相应的条件句是真的，那么这个论证是有效的。

> 一个论证是有效的，在我们合取一个论证的前提，并且把合取的前提作为条件句的前件，论证的结论作为条件句的后件后，当我们发现如果这个条件句为真时，那么，这个论证是有效的。①

按照恩披里柯的叙述，斯多噶学派的条件句思想与麦加拉学派的条件句思想是有区别的：

> 费罗说：一个条件句或条件命题是真的，"当且仅当它不是前件真而后件假"。例如，当这是白天，我正在交际时，"如果这是白天，那么我在交际"。这个条件句就是真的；但是底奥多鲁认为一个条件命题是真的，如果现在不可能过去也不可能前件真而后件假。依据他的观点，如果这是白天，我们没有说话，那么"如果这是白天，那么我在交际"这个条件句好像是假的，它有一个真前件和假后件。但是下面的条件句好像是真的："如果原子不存在，那么原子存在。"因为他一定有一个假前件"原子不存在"。把这两种条件句思想联系在一

---

① Blank, D., (1998) *Sextus Empiricus*: *Against the Grammarians* (Clarendon Later Ancient Philosophers), Oxford: Clarendon Press, p. 417.

起的人会认为当一个条件句后件的否定与前件不相容时，这个条件句是成立的。所以，依据这种观点，上述的条件句不成立，但是如果我们通过如果条件句的后件事实上包括它的前件，那么这个条件句是真的思想来判断的话，下面的条件句是真的："如果这是白天，那么这是白天。"按照这种观点，每一个重复的条件句都可能为假，因为事物本身包括自己是不可能的。①

恩披里柯按照推理强度的标准对麦加拉学派的四种条件句思想进行了排序。其中，费罗的条件句思想最弱。按照费罗的条件句思想，斯多噶学派把论证的有效性与相应条件句的真值联系在一起的思想就是不可接受的，因为没有逻辑学家会认为结论为真或者至少一个前提为假对一个论证是有效的。费罗的条件句思想仅仅在解释有效条件句论证的有效性时是有用的。其实，这两者之间存在重要的相似性：一个在费罗意义上为真的条件句不可能有真前件和假后件，而一个有效的论证也不可能有真前提和假结论。

我们再返回到斯多噶学派的第一个基本论证形式：

如果第一，那么第二。

第一。

因此，第二。

按照费罗的条件句思想，我们能发现为什么这种形式的论证对真前提和假结论是不可能的。假设存在这样一种论证，即"第一"就是真的，由假设可知，两个前提都是真的。既然结论为假，那么"第二"为假。但是，如果第一为真，第二为假，那么条件句的前提则为假，这违反了我们的预设：两个前提都是真的。

斯多噶学派认为一个有效的一阶原理允许从一个或者多个语句推出一个新语句。如果所有的前提是真的，那么结论也是真的。一个有效的定理允许从一个或者多个论证得出一个新的论证。如果第一步中的所有论证都是真的。那么，新的论证也是有效的。称一个定理是有效地拓展了项的意义，因为其暗示的是有效性的保有，而不是真的保有。与论证、推理，前提、结论以及有效并列的一个新项集在讨论定理时被斯多噶学派使用，但是没有对此进行进一步的讨论。

---

① R. G. Bury. (1933) Sextus Empiricus: Outlines of Pyrrhonism, Harvard University Press, Cambridge, Massachusetts, pp. 110 – 12.

(4) 条件化规则

斯多噶学派发展了元逻辑规则，这个规则在现代逻辑中通常被称为条件化或者条件证明规则，桑福德（Davis. H Sanford）把这个规则表述为：

> 从前提 X 和前提 P 到结论 Q 的论证是有效的。因此，从前提 X 到结论如果 P，Q 就是有效的。①

其中，条件化与移出律（exportation）的论证形式紧密相关，一个具有合取前件的条件句蕴涵含有后件的一个条件句：

> 如果 P 并且 Q，那么 R。
> 因此，如果 P，那么若 Q，则 R。②

按照费罗的条件句思想，只有当 P 和 Q 都真，而 R 为假时，上述结论才是假的。我们通过变形可以得到条件句规则：

> X 和 P；因此，Q。
> 如果 X 和 P，那么 Q。
> 如果 X，那么如果 P，那么 Q。
> X，因此，如果 P，那么 Q。③

当然，也有些斯多噶学派的学者提出了不同的论证形式，由于时间的原因，有些材料已经遗失，但是，威廉·涅尔和玛莎·涅尔就指出：

> 这些事实表明在西塞罗时代之前，就有某一位哲学家，大概是斯多噶学派的一个成员，已经为假言三段论提供了一组七个基本规则，……或许，七个规则的原来图示是下面这些形式：
> （1）如果第一那么第二；但是第一；所以第二。
> （2）如果第一那么第二；但不是第二；所以不是第一。
> （3）并非既是第一又不是第二；但是第一；所以第二。

---

① Sanford, D. H. (1989). If P, then Q: Conditionals and Foundations of Reasoning, London: Routledge, p. 23.
② Ibid.
③ Ibid.

(4) 或者第一，或者第二；但是第一；所以不是第二。
(5) 或者第一，或者第二；但不是第一；所以第二。
(6) 并非既是第一又是第二；但是第一；所以不是第二。
(7) 并非既不是第一又不是第二；但不是第一；所以第二。①

综上所述，我们认为，斯多噶学派构造了命题逻辑，并用初步分形式化和公理化首次构造了一个命题逻辑系统，其研究成果对当代逻辑的影响并不逊于亚里士多德逻辑，但是，从斯多噶学派的逻辑诞生以来，它就一直受到学界的误解。在古代，它受亚里士多德学派的攻击，例如亚里士多德的门徒亚历山大就认为斯多噶学派的逻辑思想与亚里士多德的逻辑思想是对立的，斯多噶逻辑过于拘泥形式和把论证分析的严格性贯彻到对实际生活无用的地步。但是，他们并没有完全理解斯多噶逻辑的重要性。其实，斯多噶学派之所以引起其他学派的反感，主要是由于斯多噶学派认为他们的论辩术相对于其他学派具有优势地位，并认为亚里士多德逻辑中存在一定的错误。

毋庸置疑的是，斯多噶学派的命题逻辑思想比亚里士多德的词项逻辑更基本，同时斯多噶学派对条件句逻辑的影响是巨大的，例如他们在其演绎理论中区别了"条件命题化原则"、公理和推论规则，并且有了初具雏形正确的真值表，同时对蕴涵的意义进行了极其复杂的讨论。因此，斯多噶逻辑在逻辑学历史上的地位是极其重要的，它补充发展了亚里士多德逻辑所没有探讨的命题逻辑，就其命题逻辑思想而言，对现代逻辑家仍有启发。

---

① 〔英〕威廉·涅尔，〔英〕玛莎·涅尔：《逻辑学的发展》，张家龙、洪汉鼎译，北京：商务印书馆1985年版，第233—234页。

第二章 中世纪的条件句逻辑思想

在历史上，中世纪的时间跨度一般是指公元476年西罗马帝国灭亡到1640年英国资产阶级革命这一段时间。条件句逻辑思想在经历了麦加拉学派和斯多噶学派的阐发、诠释后，得到了较为快速的发展。进入中世纪，条件句的蕴涵理论得到了继续发展，也成为这个时期的两大逻辑理论之一。中世纪的条件句逻辑思想最早见于波依休斯的论述，波依休斯是古希腊罗马逻辑与中世纪逻辑之间的联系人，他明确提出假言命题与选言命题及联言命题间的关系，认为"每一个假言命题或者借连结或者借析取形成。他认为假言命题'如果A则B'可用选言命题'非A或B'来定义"[①]。波依休斯吸取了斯多噶学派把推出关系的概念和条件句有效性的概念等同的思想，认为推论（consequentia）既是结论对其前提的关系，又是条件句后件对前件的关系。

中世纪对蕴涵理论研究的真正繁盛时期是十四世纪，这时期讨论过条件句逻辑的逻辑学家主要有阿尔伯特、威廉·奥卡姆、罗伯特·基尔沃比（Robert Kilwardby）、伪斯各脱、布里丹和保罗等人，他们在讨论了一个论证的前提和结论的相互关系的基础上，又讨论了任意两个命题之间的蕴涵关系。从总体上看，中世纪逻辑学家关于假言命题的真值条件有很大分歧，一般认为，一个真的假言命题就是"推论"（consequentia），因此，确定假言命题的真值条件就等同于要定义"推论"这个词项。

从研究时间的前后顺序看，中世纪条件句思想的发展主要分为三个阶段：前期条件句逻辑思想的发展主要有波依休斯和阿伯拉尔，中期的代表人物主要有罗伯特·基尔沃比和伪斯各脱，后期的代表人物主要是威廉·奥卡姆和布里丹。

---

① 金守臣：《简明逻辑史》，山东：山东大学出版社1994年版，第87页。

第一节　中世纪前期的条件句逻辑思想

在斯多噶学派之后和波伊休斯之前，也有一些哲学学派的学者对条件句的发展做出了重要的贡献，例如西塞罗就创造了与希腊文专门术语同意义的拉丁文专门术语，这就在拉丁文与希腊文之间架起了一座互通的桥梁，也为中世纪条件句逻辑的发展奠定了基础。当然，也有一些哲学学派的学者对条件句逻辑进行了零星的探讨。例如，盖伦就认为：

假言三段论则为研究"命运存在吗？"、"有神吗？"、"有天道吗？"这类问题所必需。

析取陈述句和带有否定前件的条件句是等值的（即"P 或者 Q"等值于"如果非 P 则 Q"）①。

但是，在中世纪，真正展开对条件句逻辑思想进行研究的是波依休斯。现在，我们首先从中世纪前期的波依休斯的条件句思想来探讨这个时期的条件句思想。

一　波依休斯的条件句逻辑思想

波依修斯（Boethius）（470—524），生于罗马一个贵族家庭，其父作过罗马的执政官，中世纪初期意大利哲学家、政治家，他对中世纪条件句逻辑的发展有着重要的影响，他一生著述较多，不仅涉及逻辑，还涉及算术、音乐和神学。波依休斯把古希腊罗马逻辑传入中世纪，并在命题逻辑方面提出了一些自己的观点和想法。但是，波依休斯处理条件句的方法并没有很大的改进，需要注意的是，波依休斯对条件句研究的主要贡献是促进了条件句逻辑的进一步发展。波依修斯关于条件句逻辑思想的论述主要集中在《论假言三段论》中，在《论假言三段论》中，他主要讨论了下面这种复杂形式的假言三段论：

---

① 〔英〕威廉·涅尔，〔英〕玛莎·涅尔：《逻辑学的发展》，张家龙、洪汉鼎译，北京：商务印书馆 1985 年版，第 236 页。

如果是 A，则是 B；如果是 B，则是 C；所以，如果是 A，则是 C。①

波依修斯的条件句思想明显地受到了麦加拉学派的影响，这一点从他的一个例子中就能明显地感觉到：

如果这是白天，那么天是亮的；如果这是白天；所以天是亮的。②

这个例子与麦加拉学派的条件句例子是同样的。但是，波依修斯的思想并不是完全等同于麦加拉—斯多噶学派的条件句思想，威廉·涅尔和玛莎·涅尔就指出波依修斯在谈到"'如果是 A 则是 B'的否定是'如果是 A 则不是 B'时候，他确实没有遵循斯多噶学派原来的说法，当他提出下面这种格式作为有效的推理形式，也没有遵循斯多噶学派原来的说法：如果当 B 是 C 时是 A；当 B 不是 C；所以不是 A"③。

波依修斯还提出了许多假言推理的形式。他把假言推理分为两种情况：一种是由简单命题构成的假言推理；另一种是由复合命题构成的假言推理。

（一）由简单假言命题构成的假言推理

1. 如果 A 那么 B；A；所以 B。
2. 如果 A 那么非 B；A；所以，非 B。
3. 如果非 A 那么 B；非 A；所以，B。
4. 如果非 A 那么非 B；非 A；所以，非 B。

以上 4 种推理形式就是假言推理的肯定式。

5. 如果 A 那么 B；非 B；所以，非 A。
6. 如果 A 那么非 B；B；所以，非 A。
7. 如果非 A 那么 B；非 B；所以，A。
8. 如果非 A 那么非 B；B；所以，A。

以上 4 种推理形式就是假言推理的否定式。

---

① 〔英〕威廉·涅尔，〔英〕玛莎·涅尔：《逻辑学的发展》，张家龙、洪汉鼎译，北京：商务印书馆 1985 年版，第 247 页。
② 同上。
③ 同上。

（二）由复合假言命题构成的假言推理

1. 如果 A，那么，若 B 则 C；A；所以，如果 B，那么 C。
2. 如果 A，那么，若 B 则非 C；A；所以，如果 B，那么非 C。
3. 如果 A，那么，若非 B 则 C；A；所以，如果非 B，那么 C。
4. 如果 A，那么，若非 B 则非 C；A；所以，如果非 B，那么非 C。
5. 如果非 A，那么，若 B 则 C；非 A；所以，如果 B，那么 C。
6. 如果非 A，那么，若 B 则非 C；非 A；所以，如果 B，那么非 C。
7. 如果非 A，那么，若非 B 则 C；非 A；所以，如果非 B，那么 C。
8. 如果非 A，那么，若非 B 则非 C；非 A；所以，如果非 B，那么非 C。[1]

从逻辑史看，波依修斯在条件句逻辑中的最大贡献是对条件句按其推论（consequentia）类型进行了分类，这一分类对后世的影响是巨大的。按照波依修斯的理解，"条件陈述句的真可以不包含任何必然的联系，只是按照偶然性，例如：当火是热的时候，天应该是动的"[2]。

波依修斯认为还有一类条件陈述句，他称为自然推论的陈述句。波依修斯对这类条件句又进一步进行了划分：

> 它们（自然推论陈述句——引者）也有两种形式：一种是必然得出的结论，但其结论不是通过词项的位置得出的；另一种是结论通过词项的位置得出的。例如第一种方式，我们可以这样说，"当他是人时，他就是动物"。这个结论就真实性来讲是可靠的，但并不能因此说，因为他是人，所以他是动物。所以我们也不能说，因为这是种，所以这是属，但是有时也可以由属当中找到根源的，甚至本质的原因也可以从普遍性种引申出来。例如，因为是动物所以有可能是人。种的原因是属。然而当有人说："当他是人时。他就是动物"，就作出了真正而必然的结论。可是通过词项的位置是得不出这样的结论的。另

---

[1] 张家龙主编：《逻辑学思想史》，长沙：湖南教育出版社 2004 年版，第 435 页。
[2] 〔英〕威廉·涅尔，〔英〕玛莎·涅尔：《逻辑学的发展》，张家龙、洪汉鼎译，北京：商务印书馆 1985 年版，第 248 页。

有一些假言命题，在那里能发现必然的结论，而词项的位置运用下述方式得出了这种结论的原因："如果地球斜了。月亮也就缺了"。这种结论是罕见的，月亮之所以缺，是由于地球斜了。像这类命题对论证是确切的和有用的。①

需要指出的是，波依休斯所使用的术语推论（consequentia），也被其他学者在各种不同的意义中所使用。对波依休斯而言，不同种类的条件句展示了不同种类的结果或逻辑推论。例如，对阿伯拉尔（Abelard）而言，条件句本身就是推论，在 13—14 世纪提出推理理论后，这一术语变得更加普遍。

综上所述，波依休斯对条件句逻辑发展的贡献主要集中在两个方面：一方面，波依修斯在命题逻辑方面提出了自己的一些研究成果。例如他认为一个假言命题可以用一个选言命题来表示，他还认为一个形如"如果 P 则 Q"的假言命题可用一个形如"非 P 或 Q"的选言命题来定义。波依修斯吸取了斯多噶学派把推出关系的概念和条件句有效性的概念等同的思想，提出了推论既是结论对其前提的关系，又是条件句后件对前件的关系。另一方面，在亚里士多德的逻辑中，分类是一种普遍的情况，但是在斯多噶逻辑中，并没有区分条件句的不同类型，更加准确地说，他们只是区分了处理条件句的不同方法，并把这种处理看作是互逆的。就条件句的一般说明而言，如果一种说明是充分的，那么另一种说明就不是充分的。对这些不同处理的一条更加学术的进路为设计一种差异的方案，使得一种条件句处理运用到一种条件句的种类中，另一种条件句处理运用到另一种条件句的种类，等等。在条件句的讨论中，波依休斯借助于区分包含必然联系和不包含必然联系的真条件句，把这种思想首先应用到了条件句中，这也开创了条件句分类的先河。

二　阿伯拉尔的条件句逻辑思想

阿伯拉尔（Peter Abelard）（1079—1142），法国哲学家，神学家，生于法国南特巴莱德一个骑士家庭，是中世纪哲学家中最有个性和传奇色彩的人物之一。他在哲学上采取概念论，既反对极端的实在论，又反对极端的唯名论，认为共相是存在于人心之中表示事物共性的概念。在其第一部

---

① 〔英〕威廉·涅尔，〔英〕玛莎·涅尔：《逻辑学的发展》，张家龙、洪汉鼎译，北京：商务印书馆 1985 年版，第 249 页。

著作《神学导论》中，针对安瑟伦的"先信仰而后理解"之说，提出信仰应建立在理性基础之上，后该书被判为异端遭焚。在《自我认识》一书中，强调动机决定行为之善恶，上帝所考虑的是人的意图，行为本身无所谓好坏。主要的逻辑著作有《小引》（Iitroductiones Parvulorum）、《逻辑入门》（Logica ingredientibus）、《我们的预期理由逻辑》（Logica Nostrorum Petitioni）和《论辩术》（Dialectica）等。

阿伯拉尔关于条件句逻辑思想的论述主要集中于《论辩术》一书中，虽然这本书的主要内容是关于论题的。但是，这本书却包含有阿伯拉尔对推论的研究成果，而中世纪逻辑的一个重要特点正是以推论为逻辑起点的。

按照阿伯拉尔的用法，推论的意思和波依休斯的意思并不相同，他并不表示波依休斯所意指的一个命题从另一个命题得出的方式。当阿伯拉尔表示波依休斯的推论的内容时，他用了"consecutio"这个词，正如威廉·涅尔和玛莎·涅尔所分析的那样，阿伯拉尔"把 consequentia 看成是为'条件命题'的意义所保留的。从他解释这种用法的方式中，我们可以有把握地得出结论说，这种用法在他以前就有其他人采用过。正如他所说，这个词似乎基于 consequens（后承）这个词的用法，表示条件命题的第二部分。但是，按照他的观点，使用这种形式指的恰恰是结论的必然性（necessitas consecutionis）。简言之，他主张条件陈述句，或者他称之为推论的任何陈述句，都是必然联系（诸如我们有时在论证推理正当性时所推出的那种必然联系）的陈述句。他认为，如果它们确实是真的，那么它们就必定永远是真的"[1]。

阿伯拉尔认为：

> 有些论证之所以完善，在于它们的前提本身就足以使其结论成立。如果我们构造一个条件陈述句，它的前件是这种论证的前提的合取，它的后件是这种论证的结论的合取，那么其结果就是按照结构即由于它的形式结构是真的推论。我们可以举这样的一个例子："如果所有人是动物和所有动物是活动的，那么所有人就是活动的"，我们可以任意用其它词项来代替这里的词项，但是我们得到的将永远是一

---

[1] 〔英〕威廉·涅尔，〔英〕玛莎·涅尔：《逻辑学的发展》，张家龙、洪汉鼎译，北京：商务印书馆1985年版，第279—280页。

个真的推论，只要我们保留整个句子的形式就行。①

对条件句的真，阿伯拉尔要求条件句前件和后件之间存在某种必然联系，他认识到一些可以获得联系的方式。一个完善的条件句是一个按照它的形式结构为真的条件句：

  但是也有其它我们必须称之为不完善的论证，因为它们并不满足这种条件，它们要成立需要从事物的本性补充某种东西。相应于这种论证的推论的真实性依赖于用词项来命名的事物的本性，而相应于完善论证的推论的真实性是不依赖于这种事物的本性的。因为如果我们用其它的词项来代替相应于不完善论证的推论里的词项，那么结果或许是一个假命题。②

阿伯拉尔举出了一个不完善条件句的真条件句例子：

  如果苏格拉底是人，那么苏格拉底是动物。③

对于上述语句，我们可以用具体的符号来表征它的形式：
如果 A，那么 B。
如果 C 是 P，那么 C 是 Q。
但是，根据现代的逻辑学知识来判断，如果依据上述表征形式，那么没有任何一个语句是完全真的。因为有些例子是真的，有些例子是假的。一个完善条件句就是只有一种真例子形式的例子。

如果我们只是用名称变量来代替上例中的苏格拉底，那么我们会得到一个真的语句形式：
如果 A 是人，那么 A 是动物。
这不能说明最初的条件句纯粹依据它的形式为真，因为我们没有把"人"和"动物"作为纯形式或逻辑语言。为什么我们不能如此说明它们？逻辑语言和非逻辑语言间的相关区别虽然很容易获得，但却很难解释。一种解释思路认为非逻辑的语言或多或少与专业有关，因而逻辑的和

---

① 〔英〕威廉·涅尔，〔英〕玛莎·涅尔：《逻辑学的发展》，张家龙、洪汉鼎译，北京：商务印书馆1985年版，第280页。
② 同上。
③ 同上书，第281页。

完全非专业的与一般性有关。"人"和"动物"是非逻辑语言,因为它们应用于世界、依赖于世界是如何发生的。"如果"、"并且"、"非"、"有些"、"所有"等在谈论到任何主观事情时是有用的。如果要说一些事情,逻辑语言是有用的。我们可以避免使用非逻辑语言的整个家族,另一方面,只是改变主语。

阿伯拉尔并不满足于那种认为条件句形式必须是表达必然联系的主张,他进而还说,甚至短语"必然结论"作为他所要求的表述也是不充分的,因为它可以在一种不精确的意义上理解为包含有不合适的结论。有人说,如果不可能前件真而后件不真,那么结论就是必然真的。初看起来,这样的一种解释似乎是合理的,但是它使我们把下面这个荒谬的断言也认为是真的推论:"如果苏格拉底是块石头,则他是头驴子",因为苏格拉底不可能是一块石头,所以他是块石头而不是一头驴子是不可能的。因此,我们必须在严格的意义上来理解必然结论。按照严格的意义,真的条件陈述句的前件就其内在本质而言,是需要后件的。①

阿伯拉尔在论述推论的时候,提出了一些逻辑规则:

(1) 肯定肯定式规则:肯定前件就肯定后件。
(2) 否定否定式规则:否定后件就否定前件。
传递原则:
(3) 如果这个推出那个,那个推出另一个,则第一个能推出最后一个。
肯定和否定表示真假的关系准则:
(4) 如果真的是肯定,则假的是否定。
(5) 如果真的是否定,则假的是肯定。
用推出概念表示模态关系准则:
(6) 如果前件是可能的成立,则后件亦是可能的成立。
(7) 如果前件是真的成立,则后件是真的成立。
(8) 如果前件是必然的成立,则后件是必然的成立。

---

① 〔英〕威廉·涅尔,〔英〕玛莎·涅尔:《逻辑学的发展》,张家龙、洪汉鼎译,北京:商务印书馆1985年版,第281—282页。

(9) 如果后件是不可能的成立,则前件亦是不可能的成立。
(10) 如果后件是假的成立,则前件亦是假的成立。①

阿伯拉尔还提出了一些否定规则下述情况不可能有形式上的有效论证:

(a) 从肯定前件到否定后件,(b) 从否定前件到否定后件,(c) 从否定前件到肯定后件,(d) 从否定后件到肯定前件,(e) 从肯定后件到肯定前件,(f) 从肯定后件到否定前件。②

对于波依休斯所提出的偶然真的情况,阿伯拉尔并不赞成他认为"它们不同于结论的必然性(necessitas consecutionis),只包含伴随性(comitatio)"。③ 阿伯拉尔给出了三条规则,根据这三条规则,就可以把波依休斯强调的偶然性推论和自然的推论(naturales consequentiae)联系起来:

(1) 任何命题的前件伴随自身,则后件亦然。
(2) 由于前件的存在,同时也存在它的任何后件。
(3) 不论怎样的前件存在,也就存在它的任何后件。④

阿伯拉尔还讨论了析取与蕴涵的关系。对于条件句的否定,阿伯拉尔与波依休斯的观点是不同的,阿伯拉尔认为"任何命题的真正否定都是靠把否定记号置于整个命题之前来构成的",但是"如果把否定记号插入条件命题的任何一个子句中,其结果不是原来命题的否定,而是一个新命题"。⑤ 也就是"如果不是 A 则是 B"的意思与"或者是 A 或者是 B"相同;"或者不是 A 或者是 B"的意思与"如果是 A 则是 B"相同。

但是,按照波依休斯的观点,析取命题的两个析取项必然是不兼容的,这就等于说"'或者是 A 或者是 B'并不等值于'如果不是 A 则是

---

① 〔英〕威廉·涅尔,〔英〕玛莎·涅尔:《逻辑学的发展》,张家龙、洪汉鼎译,北京:商务印书馆1985年版,第284—285页。
② 同上书,第285页。
③ 同上书,第286页。
④ 同上书,第286—287页。
⑤ 同上书,第288页。

B',而是等值于这个命题和'如果是 A 则不是 B'的合取"①。

阿伯拉尔反对波依休斯的这种观点,认为这种观点对析取命题的要求太高了,他认为析取命题应该等值于带有否定前件的条件命题。

综上所述,阿伯拉尔作为一个对影响逻辑发展长达几个世纪的学者,得出了一些对当代逻辑学家仍然很重要的几个区分。对条件句的真,阿伯拉尔要求条件句前件和后件之间存在某种必然联系,他提出了几种获得必然联系的方法。对一个完善的条件句而言,它要依据它的形式结构为真。按照他的观点,下面条件句的真完全独立于它们的主观情况(subject matter):"如果没有 P 是 Q,那么没有 Q 是 P。"这一点不要求使用任何特殊的词项逻辑符号,尽管特殊符号的使用在现代逻辑中是普遍的。另一方面,在形式结构概念中,变量的使用是常用的。无论我们用何种词项同一地代替第一个例句中的词项变量 P 和 Q,所产生的条件句都是真的。尽管这对逻辑语言和非逻辑语言的区分得到了最好的解释,但是我们不能把阿伯拉尔的例子按照它的逻辑形式看作完全真的。为了揭示最初的条件句前件和后件间的形式联系,前件必须通过添加"人是动物"必然真来解释:如果苏格拉底是人并且所有的人是动物,那么苏格拉底是动物。这是一个完善条件句;它有一种形式,只通过逻辑语言加上变量,这样每一个这种形式的例子都是真的。因为这种条件句是必然真的,并且它是从最初的条件句加入所有人是动物的前件必然真中获得的,最初的、不完善的条件句也是必然真的。这儿阿伯拉尔的步骤包含着推论出考虑中的最初的条件语句没有被明确提及。更多精细的条件句被中世纪的成功者探讨,并且在 20 世纪的许多条件句著作中是杰出的。

第二节 中世纪中期的条件句逻辑思想

中世纪中期的条件句逻辑思想基本上延续了阿伯拉尔的条件句逻辑思想,其核心来自阿伯拉尔的《论辩术》,在其《论辩术》一书中,条件句逻辑被统称为推论。其实,阿伯拉尔所指的推论实际上具有条件命题的意蕴,这一时期关于条件句论述的代表人物主要有罗伯特·基尔沃比和伪斯

---

① 〔英〕威廉·涅尔,〔英〕玛莎·涅尔:《逻辑学的发展》,张家龙、洪汉鼎译,北京:商务印书馆 1985 年版,第 288 页。

各脱。

一　罗伯特·基尔沃比的条件句逻辑思想

罗伯特·基尔沃比（Robert Kilwardby）（1215—1279），坎特伯雷大主教，就读于巴黎大学，毕业后在巴黎大学担任语言和逻辑的教学工作，David Knowles 认为，从罗伯特·基尔沃比的神学和哲学观点看，他"是一个保守的折中主义者、持有准极端主义（the doctrine of seminal tendencies）和反对亚里士多德包括人在内的生物形式统一主义"。[1] 据称，罗伯特·基尔沃比反对托马斯·阿奎那，1277 年，他禁止了三十篇文章，其中有一些被认为是涉及托马斯·阿奎那的文章。

关于条件句逻辑的论述，罗伯特·基尔沃比在评价亚里士多德的《前分析篇》时指出：

> 可以怀疑自己推理的主要命题。例如，肯定与否定都能得出同样的结论，因为如果你坐下，上帝存在，如果你不坐下，上帝依然存在，这是由于这种必然性适用于任何事情。这样一来，如果你坐下，则你坐下，不坐下，都是真的，如果你不坐下，则也一样。析取命题根据其两个方面，而自然的推论由于根据你坐下，则你坐下或你不坐下，如果你不坐下，则你坐下或你不坐下，因而肯定与否定都能得出同样必然的结论。关于第一种应当说，推论是两种，即本质的或本性的，即结论自然地是在前提中被理解到的，以及推论是偶然的。像这样的推论，我们说必然性是根据任何事情，而亚里士多德是不这样理解的。关于第二种，应当说，同一回事可能出现两种情况：一是就事物本身来说，一个事物不能既肯定又否定，亚里士多德注意到了这一点；二是就事物的各方面来说，一个事物可以既肯定又否定，这一点，亚里士多德没有注意到。这就出现了矛盾。由此就要有第三种解决法，因为得出析取命题的根据不是事物本身，而是事物的多样性的两个方面。亚里士多德主张事物的存在与否从推论和事物本身得不出必然的东西。[2]

---

[1] David Knowles. (1988) Evolution of Medieval Thought, Longman Group United Kingdom, p. 249.

[2] 〔英〕威廉·涅尔，〔英〕玛莎·涅尔：《逻辑学的发展》，张家龙、洪汉鼎译，北京：商务印书馆 1985 年版，第 357 页。

实际上，从上面的论述不难发现，罗伯特·基尔沃比和阿伯拉尔一样，除了把推论这个词视为条件陈述句，根据威廉·涅尔、玛莎·涅尔的论述，还有以下的共性：

（1）关于必然的东西可以从任何东西推出这一点，罗伯特·基尔沃比和阿伯拉尔是一样的，上文提到了如果你坐下，上帝存在，如果你不坐下，上帝依然存在与阿伯拉尔的从不可能推出任何东西是一致的。

（2）两人都区分了"结论必然性的较严格意义和不太严格意义，只是表述不一致而已，罗伯特·基尔沃比把其称之为本质的必然性推论与偶然性推论。①

但是，两者关于推论的论述还是存在的差别，根据威廉·涅尔、玛莎·涅尔的论述，其区别主要有以下几点：

（1）罗伯特·基尔沃比认为按照本性的推论的标准，严格命题和它的否定也可以推出同一个命题，因为它们两者确实以这种方式推出是它们两者的析取命题。

（2）由上文"由此就要有第三种解决法，因为得出析取命题的根据不是事物本身，而是事物的多样性的两个方面。亚里士多德主张事物的存在与否从推论和事物本身得不出必然的东西"这段话表明，罗伯特·基尔沃表述了一种阿伯拉尔没有表述的有效推论的规则或者图式。②

关于这一点，威廉·涅尔、玛莎·涅尔认为：

因为析取命题可以从它的任何一析取项推出，这样的原则在阿伯拉尔的著作中并没有出现，任何一个承认这个原则的人，不仅要像阿伯拉尔那样必需抛弃那种认为一个析取命题的真需要它的析取项有一个是假的观点，而且还要与阿伯拉尔不同，必须反对那种认为析取是

---

① 〔英〕威廉·涅尔，〔英〕玛莎·涅尔：《逻辑学的发展》，张家龙、洪汉鼎译，北京：商务印书馆1985年版，第357—358页。
② 同上书，第358页。

一个用条件陈述句中可表达的必然联系来说明的模态这种旧假定。①

但是，罗伯特·基尔沃比关于第三点的论述也碰到了一些难题。例如，他把动词"得出"用于了推论这种论证结构中，显得有点不伦不类，这一问题随后伪斯各脱进行了详细的论述。

总之，罗伯特·基尔沃比继承了阿伯拉尔的条件句逻辑思想，并对此进行了发展和推进，尽管这种推进不是巨大的。但是，从这一点来讲，在中世纪经院哲学盛行的年代，能够关注条件句逻辑的推论，并提出一种阿伯拉尔没有论述的新的有效论证模式，也是相当困难的，也可以说，罗伯特·基尔沃比的研究，在中世纪的条件句逻辑研究中，起到了一个重要的承上启下的作用。虽然他的某些表述也显得比较模糊。但是，瑕不掩瑜，罗伯特·基尔沃比的条件句逻辑思想在中世纪条件句逻辑发展中同样占有重要的一席。

二 伪斯各脱的条件句逻辑思想

伪斯各脱（Pseudo-Scotus）是中世纪的一位著名哲学家，关于他的真实姓名，学界存在着争议，不过，据麦克德莫特（McDermott，A. C.）考证：伪斯各脱很可能是英格兰西南部康瓦耳（Cornwall）的约翰（John）。②伪斯各脱的条件句逻辑思想主要集中在《共相逻辑问题》中，在他的《共相逻辑问题》中说："一个推演是这样一个假言命题，它由前件和后件借一个条件联结词或借表述一种理由的联结词所构成，其意义是，如果它的前件和后件同时形成，则不能前件真而后件假。"③但这里没有涉及自我指称语句。他认为，前件就是处于与其有某种联系的另一命题之前的命题，这种关系与命题表示的东西及表述的方式是不相关的。阿尔伯特也作了同样的理解。他强调："在保持词项的固定的使用时，那个命题被说出是前件而与另一命题如此关联，以致不可能事物如前所意谓的那样，而却不是以任何方式如另一命题所意谓的那样。"④ 伪斯各脱首先给推论一个明确的定义，他在《前分析篇》中指出：

---

① 〔英〕威廉·涅尔，〔英〕玛莎·涅尔：《逻辑学的发展》，张家龙、洪汉鼎译，北京：商务印书馆1985年版，第358页。
② McDermott, A. C. (1972) "Notes on the asseryoric and modal propositional logic of the Pseudo-Scotus". Journal of the history of philosophy, Vol. 10, pp. 273 – 306.
③ 金守臣：《简明逻辑史》，山东：山东大学出版社1994年版，第109页。
④ 同上书，第113页。

> 推论是前提和有条件地或合理地联结起来的中间推理所组成的假言命题，它表明凡是前提和结论，在形式上当前提真而结论假时不能成立的。①

在给推论一个明确的定义后，伪斯各脱又对推论的类型进行了区分：

> 所以推论分为以下两种：一种是实质的，一种是形式的。所谓形式推论，就是它根据所有词项，注意到与词项相类似的词项的状况和形式，在命题中的词项称为命题的主词和谓词，或者说主词部分与谓词部分。可是，在推论的形式中，所有的非范畴词，如连接词、全称记号和特称记号等等都涉及到了。其次，命题的连词也涉及推论的形式，而命题的连词，有的关于存在，有的关于方式，所以命题的推论形式不是同一的。第三，许多前提，像命题的肯定与否定等等，都涉及形式，所以无论是肯定或者否定的论证，其形式也不是同一的，由此可以类推。形式推论还可以分，因为一种是其前件是一个直言命题，例如换位、等值等等，另一种是其前件是假言命题，而此类格式的任何一个又可以分为许多格式。所谓实质推论，就是不根据一切词项，不注意到与词项相类似的词项的状况和形式。它也有两种，一种是单纯正确的，一种是当下正确的。单纯正确的推论，就是它通过采取一个必然的命题而归结到形式。像这种实质推论是单纯正确的：人跑，所以动物跑；而通过必然性则归结到形式，所有的人是动物。按照论辩情况的复杂性，它又可分为许多种。所谓当下正确的实质推论，就是通过采用某一个真实的偶然的命题而能归结到形式，例如苏格拉底是白的，苏格拉底跑，所以一个白色的东西在跑，这种推论当下是正确的，因为它通过苏格拉底是白的这个偶然的命题而归结到形式。②

伪斯各脱上述关于推论的论述，是值得全部引用的，因为正是这段论述对中世纪研究条件句的学者提供了重要的参考依据，其对中世纪推论思

---

① 〔英〕威廉·涅尔，〔英〕玛莎·涅尔：《逻辑学的发展》，张家龙、洪汉鼎译，北京：商务印书馆1985年版，第359页。
② 同上。

想的发展的影响是不言而喻的。为了更好地反映伪斯各脱对上述推论的分类，威廉·涅尔和玛莎·涅尔把其图示为：

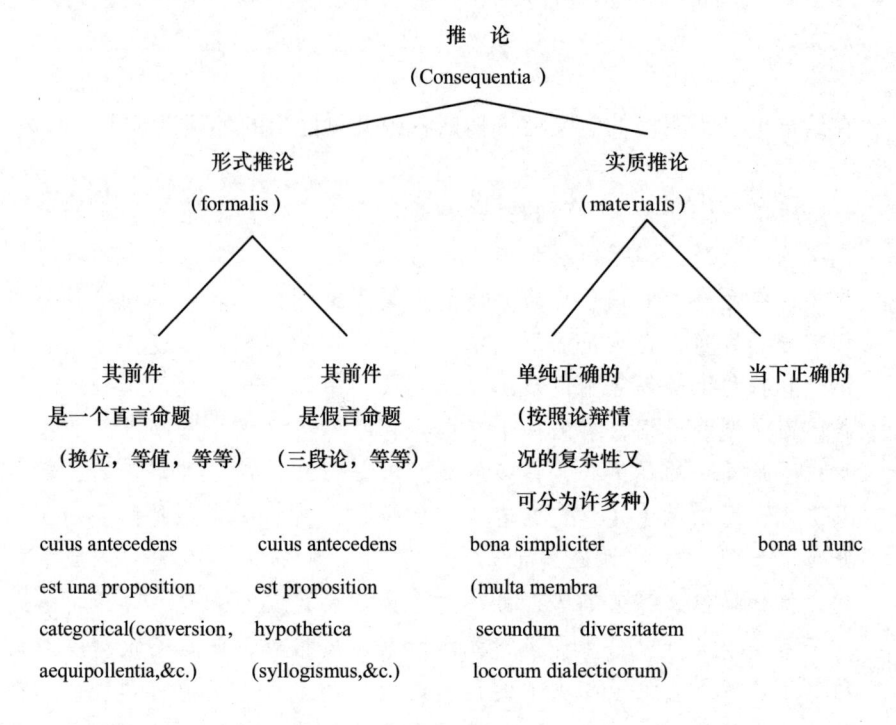

```
                          推  论
                      (Consequentia)
                    ╱              ╲
              形式推论              实质推论
             (formalis)           (materialis)
            ╱        ╲            ╱          ╲
       其前件       其前件      单纯正确的       当下正确的
     是一个直言命题  是假言命题   (按照论辩情
     （换位，等值，等等）（三段论，等等） 况的复杂性又
                                可分为许多种)

    cuius antecedens   cuius antecedens   bona simpliciter   bona ut nunc
    est una proposition est proposition   (multa membra
    categorical(conversion, hypothetica    secundum  diversitatem
    aequipollentia,&c.) (syllogismus,&c.)  locorum dialecticorum)
```

推论分类表①

在基于其分类的基础上，伪斯各脱提出了5个论点：

1（a）形式上包含矛盾的任一命题得出形式推论中的任一命题。
2（a）任一不可能的命题得出非形式推论且是单纯正确的实质推论中的任一命题。
2（b）任一命题得出单纯正确的推论中的必然命题。
3（a）任一假命题得出当下正确的实质推论中的任一命题。
3（b）当下正确的实质推论中的任一命题得出一切真命题。②

---

① 〔英〕威廉·涅尔，〔英〕玛莎·涅尔：《逻辑学的发展》，张家龙、洪汉鼎译，北京：商务印书馆1985年版，第361页。
② 同上书，第364页。

伪斯各脱对标准有效性定义提出了一些难以处理的困难。许多现代的思想家会同意：如果一个前提论证是有效的，那么前提为真结论为假是不可能的。然而，伪斯各脱所提出的例子尽管不能满足上述要求，但它明显是有效的：

每一个命题都是肯定的。

所以，没有命题是否定的。

因为语句"没有命题是否定的"本身是一个否定命题，所以它不可能是真的。另一方面，尽管"每一个命题都是肯定的"实际上是假的，但它不是必然假。这个语句为真似乎是可能的。但是，下面的模态逻辑原则很难拒斥：

如果 P 可能 Q 不可能，那么 P 并且非 Q 是可能的。

因此，如果一个论证的前提是可能的并且结论是不可能的，那么前提和结论否定的合取是可能的。然而，当我们回顾最初的论证，有效性的原始样子没有变。很明显，在某种意义上，没有结论成立前提也成立是不可能的。伪斯各脱的例子明显地要求我们对易忽视类型的区分。

一旦我们公式化了一个难题，那么构造更多与之相同的类型是很容易的。肯定和否定的思想对于伪斯各脱的基本难题是非本质的。下面是一个变量：

所有以"所以"开始的语句都不是由奇数语词构成。

所以，所有以"所以"开始的语句都不是由 11 个语词构成。

像以前一样，我们构造这个结论以作为它本身的反例。像以前一样，即使前提碰巧为假，它也可能为真的。

在这一点上，从世界的可能性区别一个语句为真的可能性是自然的。有人会认为，不存在否定命题和不存在以"所以"开始的 11 个语词构成的语句是可能的。即使这个语句作为简单论证的结论是不可能为真的。伪斯各脱考虑另一种有效性说明，以试图尊重这种区分。如果一个前提论证是有效的，那么对于有些事情被前提表示没有被结论表示出来这是不可能的。

关于推论的有效性问题，伪斯各脱提出了如下的三种解释：

按照第一个解释，推论有效性的必要和充分条件是：前件真而后件假，这是不可能的。

按照第二个解释，推论有效性的必要和充分条件是：事情是前件所表示的而不是后件所表示的，这是不可能的。

按照第三个解释，一个推论是有效的当且仅当前件真而后件假是不可能的，如果它们一起被表述的话。[①]

综上所述，伪斯各脱在条件句逻辑方面的贡献主要集中在如下：他首先对推论进行了分类，进而对条件句逻辑的有效性提出了自己的观点，并对有效性概念进行了解释。伪斯各脱的这些条件句思想尽管存在一些问题，还存在一些缺陷。但是，伪斯各脱对条件句逻辑的讨论是有益的，尤其是对有效性的讨论，并指出有效性的问题对条件句逻辑的发展是重要的，因为有效性是逻辑的一个核心思想，是逻辑学发展的一个根本指针。

第三节 中世纪后期的条件句逻辑思想

中世纪后期，有些学者对条件句逻辑的研究更加深入，这主要体现在对条件句逻辑的分类上，很多学者对条件句进行了分类。当然，与中世纪中早期一样，这一时期的条件句逻辑的研究依然附属在推论的研究之中。但是，他们对条件句的表述却更加精确，这一时期的主要代表人物有威廉·奥卡姆和布里丹。

一 威廉·奥卡姆的条件句逻辑思想

威廉·奥卡姆（William Occam）（约 1295—1349）又译为奥坎，出生于英格兰的萨里郡奥卡姆（Ockham）。14 世纪逻辑学家、圣方济各会修士。奥坎曾加入圣方济各会，在牛津大学研究，他在大学注册为奥卡姆的威廉，后来又至巴黎大学求学，能言善辩，被人称为"驳不倒的博士"。注解《言语录》。1322 年左右他发表一些言论，主张教权与王权分离，与当时的罗马教廷不合，被教皇约翰二十二世宣称为"异端"，1324 年因禁在法国的亚威农教皇监狱。教会聘请六位神学家专门研究其著作，有 51 篇被判为"异端邪说"。1328 年 5 月他在夜里越狱，逃往意大利比萨城。神圣罗马帝国皇帝路易四世收留他，奥卡姆对皇帝说："你若用剑保护我，

[①] 〔英〕威廉·涅尔，〔英〕玛莎·涅尔：《逻辑学的发展》，张家龙、洪汉鼎译，北京：商务印书馆 1985 年版，第 370—371 页。

我将用笔保护你！"后定居慕尼黑。1347 年路易四世死后，教会与他和解，此时欧洲爆发黑死病，奥卡姆病死。他在《箴言书注》2 卷 15 题说："如无必要，勿增实体。"（Entia non sunt multiplicanda praeter necessitatem）因为他是英国奥卡姆人，人们就把这句话称为"奥卡姆剃刀"（Occam's razor），主要著作有《逻辑大全》和《辩论集 7 篇》等。

对于蕴涵，威廉·奥卡姆把其定义为一个条件命题，他认为：

> 既然一个条件命题等价于一个推论——这样，当前提推出结论而不是结论推出前提的时候，一个条件句命题就是真的。①

> 一个条件命题的真既不要求前件是真的，也不要求后件是真的。实际上，有时候，即使一个条件命题的各部分是不可能的，这个条件命题也是必然的。②

对于威廉·奥卡姆所认为的一个条件句为真的解释，保罗则简述为推论是"从一个前件推得一个后件"③。

奥卡姆的条件句思想主要集中在《逻辑大全》中，在这本书中，他首先论述了推论与三段论的区别，认为它们之间的区别在于推论是简略的三段论，然后他指出这些推论之间可能存在着差异。奥卡姆对条件句逻辑的贡献主要在于对不同的推论进行了区分，他把推论分为简单（绝对）推论和当下推论、内在中介而成立的推论和基于外在中介而成立的推论、形式推论和实质推论三对。对于简单（绝对）推论和当下推论，威廉·奥卡姆认为：

> 如果前件在任何时候没有后件就不能真，那么推论就是简单的；但是如果在某一时间，虽然不是在讲话的时间，前件没有后件可以是真的，那么这个推论只是当下的。④

但是，学界对奥卡姆是否认识和接受真值函项费罗条件句是存在争议

---

① 〔英〕奥卡姆著：《逻辑大全》，王路译，北京：商务印书馆 2006 年版，第 337 页。
② 同上书，第 338 页。
③ 杨百顺：《西方逻辑史》，四川：四川人民出版社 1984 年版，第 262—263 页。
④ 〔英〕威廉·涅尔、〔英〕玛莎·涅尔：《逻辑学的发展》，张家龙、洪汉鼎译，北京：商务印书馆 1985 年版，第 373 页。

的，我们应该从奥卡姆的观点是否促使他接受费罗条件句这个相关问题来区别这个问题。所谓简单推论是指如果前件在任何时候没有后件就不能真，那么这个推论就是简单推论；当下推论是指如果在某一时间，即使不是在讲话的时候，前件没有后件也可以是真的，那么这个推论是当下推论。当下推论相似与依赖内在意义成立的条件句，除非当附加语句在其他情况中是偶然真，即现在真的但不一定真，而相对于内在意义的附加真语句一定是必然真。

当然，人们仅仅想知道，一个当前真的附加语句必须满足恰当地辩护当下条件句的需要是什么？假设一个条件句的后件为真，我们可以把这个后件本身看作真的附加语句吗？如果不是，那么后件或前件的否定或并非后件的否定合取前件会怎样？那么奥卡姆能避免说任何具有假前件或真后件的条件句，如果它不是简单推论，那么它至少对当下推论成立？像这样的问题，奥卡姆似乎没有问他自己，显然，如果他问自己他也不能回答。

对于内在中介而成立的推论和基于外在中介而成立的推论，威廉·奥卡姆认为：

> 所谓内在的中介是指这样一种一般规则：它既不涉及任何其它词项也不涉及推论的词项。作为第一种推论的例子，他举出如下论证："苏格拉底不在跑，所以一个人不在跑"，这个论证由于"苏格拉底是一个人"这个中介而成立。作为第二种推论的例子，他举出如下论证："只有人才是驴子，所以每一个驴子是人"，这个论证由于"一个区别的肯定命题等值于一个带有换了位的词项的全称肯定命题"这个一般规则而成立的，它并不需要从任何包含有"人"和"驴子"词项的明那里得到结论。他告诉我们，三段论是由于外在的中介而成立的推论，而任何由于内在的中介而成立的推论也可以说是由于外在的中介而成立的推论，只是不怎么直接。①

奥卡姆依据中介的概念区分了基于内在中介而成立的推论和基于外在中介而成立的推论，这种分类思想与阿伯拉尔的完善条件句和不完善条件句的分类很相似。这里，"内在"和"外在"这两个概念是早就有之的，其来自论辩思想。外在的意思是"外在于条件句的主观事情"。一个纯粹以

---

① 〔英〕威廉·涅尔、〔英〕玛莎·涅尔：《逻辑学的发展》，张家龙、洪汉鼎译，北京：商务印书馆1985年版，第373页。

及条件句外在形式而为真的条件句的真值与条件句的内容无内在关联。当然，内在与外在的区分不是绝对的，通过对条件句的前件合取一个附件的语句。我们可以把一个依赖内在意义成立的条件句变成一个依赖外在意义成立的条件句，附加语句的内容内在地与条件句的其他从句是相关的，而中介的概念应用于推论则是威廉·奥卡姆最早提出的。

当然，奥卡姆的这种划分还是存在问题的，如果附加语句能满足于恰当的使用，并显示一个条件句依赖内在意义而成立，那么它需要的是什么？对于中世纪的学者和后来的学者而言，对这个问题提出一个充分的答案都是很困难的。从奥卡姆的观点看，他要求附加的语句是真的并且提供一个有效三段论的第二前提，包括条件句的前件是另一个前提和主要从句是结论。如果依赖内在意义成立的奥卡姆条件句相似于阿伯拉尔的不完善条件句，那么附加语句就不仅仅是为真的问题，而是必然真的问题。

对于形式推论和实质推论，威廉·奥卡姆与伪斯各脱不一样：

> 他把那些直接由于内在中介和间接由于<不>考虑（respiciens）一般命题的条件（即真、假、必然和不可能）的外在中介而成立的推论也包括在形式推论之中。这两种推论与他用来解释由于内在的中介而成立的推论和由于外在的中介而成立的推论之间区别的论证是同样的两种论证。然后他说，一个实质推论就是一个只是（praecise）根据词项，而不是根据<不>考虑只是一般命题的条件的外在中介而成立的推论。①

需要指出的是，我们现在所指的"实质条件句"一般是指费罗条件句，"实质"一词的使用与中世纪的使用是密切联系的，但是奥卡姆的实质条件句完全不同于费罗条件句。他不但把基于命题形式的外在中介成立的推论视为形式推论，同时把基于内在中介成立的推论视为形式推论，还把"间接由于<不>考虑（respiciens）一般命题的条件（即真、假、必然和不可能）的外在中介而成立的推论也包括在形式推论之中"②。奥卡姆明确接受如下的两种有效性标准说明，但是，这种说明对大多数理论家来说似乎是不可接受的。（1）任何情况都可以推出必然性。（2）不可能推出

---

① 〔英〕威廉·涅尔、〔英〕玛莎·涅尔：《逻辑学的发展》，张家龙、洪汉鼎译，北京：商务印书馆1985年版，第374页。
② 同上。

任何情况。因为如果一个形如"P，因此，Q"的论证是有效的，那么当且仅当不可能P并且非Q，也就是，并非P并且非Q是必然的，那么单独Q的必然性或单独P的不可能性对于满足有效性的要求是充分的。

按照奥卡姆的观点，只要一个条件句满足上述标准中的一个，这个条件句就是真的，但是，仅仅依赖外在或内在意义的条件句不是真的。原因在于：依赖内在意义条件句不是真的，因为人们不会要求一个没有提及的附加真值的推理来解释它们的真值。依赖外在意义的条件句不是真的，因为前件的不可能性或后件的必然性不能完全归因于逻辑形式，而应该把它归因于条件句从句的主观问题、主观实质。在奥卡姆的条件句逻辑中，他常常用"某人是驴子，所以上帝不存在"的例子来说明不可能前件，用"某一个人在跑，所以上帝存在"来说明后件必然。

在对推论进行了区分以后，奥卡姆还根据推论后件的逻辑性质提出了一些特殊的规则：

> 从真永不能推出假。
> 从假可以推出真。
> 如果推论是有效的，那么它的后件的否定就可以推出它的前件的否定。
> 凡是从后件推出的东西可以从前件推出。
> 如果前件可以从任何命题推出，那么后件也可以从任何命题推出。
> 凡是同前件相一致的东西也同后件相一致。
> 凡是同后件相矛盾的东西也同前件相矛盾。
> 从必然不能推出偶然。
> 从可能不能推出不可能。
> 无论什么东西都可以从不可能推出。
> 无论什么东西都可以推出必然。①

以上就是奥卡姆的条件句逻辑思想，从上面的论述中，我们不难发现，奥卡姆的条件句思想是与他的推论思想密切结合在一起的，他虽然对推论进行了详细的区分。但是，奥卡姆并没有把推论与条件句完全分开，

---

① 〔英〕威廉·涅尔、〔英〕玛莎·涅尔：《逻辑学的发展》，张家龙、洪汉鼎译，北京：商务印书馆1985年版，第376页。

有些思想究竟是指条件句还是论证是不很清楚的，另外奥卡姆在《逻辑大全》中对推论的叙述似乎也是令人不满意的。例如，他认为推论存在的不同是独立的。但是，从现在的观点看，这种观点还是有问题的。但是奥卡姆对推论的划分在当时来说是很先进的，其后的学者大都受到他的这种分类思想的影响。

二 布里丹的条件句逻辑思想

布里丹（Jean Buridan）（1295—1358），法国哲学家。约1295年生于阿图瓦的贝顿。布里丹是巴黎大学教授，他反对当时在欧洲学者头脑中占统治地位的亚里士多德物理学理论中的重要部分。亚里士多德曾认为运动中的物体需要一连续的力，并解释说在最初的动力消耗后，空气提供这种连续的动力。布里丹认为该原动力就足以使它继续运动，一旦给以原动力，它就如此继续运动，而不需继续施力来保持天体的永恒运动。这是三百年后提出来的牛顿第一运动定律的先声。更概括地说，他认为支配天体运动的规律同样适用于地面运动。布里丹的出名，主要在于据说他证明了两个相反而又完全平衡的推力下，要随意行动是不可能的。

布里丹首先定义了否定的意思，他说："所谓矛盾，就是指一个命题是肯定的，另一个是否定的；一个真，另一个假，这是必然的，两者不同真，或不同假。其理由正是：凡对一个命题为真的条件，就是对另一个命题为假的条件，反之亦然。因此，凡对肯定命题的真是必要的，对其矛盾的否定命题的假也是必要的。同样，凡对肯定命题的假是充分的，对其矛盾的否定命题的真也是充分的。"① 对于推论，布里丹指出：

> 一人推论是一个假言命题，因为它是从一些命题永联结词"如果"，或用"所以"这个词，或用其同义词，而得到的。这些词指明，由它们所联结的命题，一个跟着另一个。它们的区别在于，"如果"这个词指明，直接跟在它之后的命题是前件，另一个是后件；而"所以"这个词所指明的正好相反。②

布里丹在《论推论》中还明确提出，推演是一个由"如果，则"连结成的假言命题。一个命题称作另一个命题的前件，如果这两个命题给定

---

① 张家龙主编：《逻辑学思想史》，长沙：湖南教育出版社2004年版，第438页。
② 同上书，第439页。

时，不论其意义如何，则不可能第一个真，而第二个为假。布里丹进而区分了形式推演与实质推演，形式推演是每一具有这一形式的语句都是有效的推演，而实质推演，则是并非每一具有相似的语句都是有效的推演。布里丹又把实质推演分为绝对的和当下的。绝对的推演是无条件的，不论任何时间都不可能前件真而后件假；当下的推演则是有条件的，仅相对于推演有效的时间，不可能前件真而后件假。布里丹进一步发挥了伪斯各脱的有关理论，更明确地提出，绝对的推演可借辅加真的必然前提而化归为形式推演。① 因此，金守臣指出："布里丹对于推演理论的进一步探讨与发挥，一方面使中世纪的蕴涵理论内容更为充实，另一方面也强调了作为命题推演的蕴涵的涵义。这在某种意义上与以后现代逻辑对于蕴涵，实质蕴涵，形式蕴涵等的探讨乃一脉相传。"②

布里丹还区分了推论的类型，他把推论分为形式推论和实质推论两类，他认为一个形式推论应该具有如下的特征：

> 一个推论称为形式的，如果它对一切词项都有效而保留同样的形式；或者说精确些，一个形式推论是这样的一个推论：对其中每一个具有同样形式的语句如果加以陈述的话，则是一个有效的推论。③

从上面的论述中，我们不难发现，布里丹所描述的形式推论实际上就是我们现代逻辑中的有效推理：对一个条件句而言，前件真后件假是不可能的。对于实质推论，布里丹指出：

> 实质推论是这样的推论：并非每一个具有相似形式的语句是有效的推论，或如通常所说，它在保留同样形式时对一切词项不有效。例如，"如果有人跑，则有动物跑"对以下词项不有效："如果有马走，则有木头走"。④

与伪斯各脱的观点一致，布里丹也把实质推论分为简单推论和当下推论。按照布里丹的观点，一个简单推论就是在所有时间都不可能前件真后件假。因此，简单推论的有效性是必然的，而当下推论则是指这种推论仅

---

① 金守臣：《简明逻辑史》，山东：山东大学出版社1994年版，第112页。
② 同上。
③ 张家龙主编：《逻辑学思想史》，长沙：湖南教育出版社2004年版，第439页。
④ 同上。

仅对某一时间有效，在其他时间无效，因此，当下推论的有效性不是必然的。

对于命题逻辑的推理规则，布里丹认为从合取命题到其支命题是一个有效的推论，他还认为："一切有效的推论，从矛盾的后件推出矛盾的前件"。①

拉弗·斯特罗德和理查德·弗里布里奇也认为推论理由分为形式推论与实质推论。但是，与上述见解所不同的是，例如拉弗·斯特罗德就认为：

> 每一个有效的实质推论允许从前件到后件的推理（illatio），但是形式推论在前件和后件之间还另外包含意义或理解（intellectio）的联系。这样"如果某人以为你是一个人，那么他也以为你是一个动物"，因为后者是从前者的形式理解（de formali intellectu）推出的。从这些定义得出一个重要的结论：即每一个形式推论都是实质推论，但并非每一个实质推论都是形式推论。作为单纯实质推论的例子，他举出"某人是一个笨蛋，所以棍棒立在角落"，他仅仅对奥卡姆表中的（10）和（11）给出了实质推论的一般规则。②

对于这个问题，理查德·弗里布里奇的观点与上述学者的观点又有所不同，他认为：

> 非形式推论或者是：（1）从不可能到某种不是特别相干的东西的论证；或者是：（2）从某种不是特别相干的东西到必然的论证；或者是：（3）如果词项改变了就不能成立的论证。在（2）之后，他加了一个注："但是我不认为这种论证是有效的"。③

从上面的论述可以看出，在中世纪，学界对推论分类的见解是有差异的，由于各人对推论理解的不同，因此造成对推论分类的混乱。为了解决这种情况，保罗（Paul of Pergolae）对推论进行了重新的归类和划分：

---

① 张家龙主编：《逻辑学思想史》，长沙：湖南教育出版社 2004 年版，第 442 页。
② 〔英〕威廉·涅尔、〔英〕玛莎·涅尔：《逻辑学的发展》，张家龙、洪汉鼎译，北京：商务印书馆 1985 年版，第 376—377 页。
③ 同上书，第 377 页。

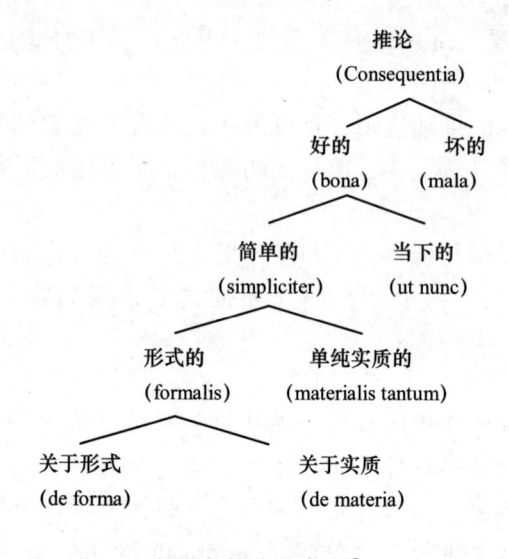

```
                        推论
                   (Consequentia)
                   /            \
                好的             坏的
               (bona)          (mala)
               /    \
           简单的    当下的
        (simpliciter) (ut nunc)
          /     \
       形式的    单纯实质的
     (formalis) (materialis tantum)
        /    \
    关于形式   关于实质
    (de forma) (de materia)
```

保罗的推论分类表①

当然,对于命题逻辑规则而言,中世纪学者中也有一些主张更为精致的论题,例如,瓦尔特·柏力就认为:

> 就条件句来说,如果前件是特称的或者是不确定的命题,则前件的主词就要求后件是模糊的和周延的,因此,在这种条件句中的前件是特称的或不确定的命题,由此可得另一个条件句:其前件的主词是前一条件句主词的下位词。例如,如果动物在跑,那么实体在跑;所以如果有人在跑,那么实体在跑。有时候,某种推论由于采取没有周延的词项而是正确的,反之,采取周延的词项也是正确的。②

我们知道,斯多噶学派已经对论证和条件陈述句进行了清楚的区分,并提出如下形式:"一个论证是……当且仅当相应的条件句是……"。根据他们提出的特殊例子,一个论证是有效的,当且仅当相应的条件句是真的。根据有效性和相应的条件句必然真相关联的情况,我们可以公式化如下的一种情况:特殊种类的有效性与条件句为真的特殊方式有关。所有的这些问题情况都要求清楚地区分论证或推论和相应的条件陈述句。但是,

---

① 〔英〕威廉·涅尔、〔英〕玛莎·涅尔:《逻辑学的发展》,张家龙、洪汉鼎译,北京:商务印书馆1985年版,第378页。
② 同上书,第381页。

中世纪大多数逻辑学家对推论的探讨都忽视了这种区分。我们知道，在中世纪推论理论中，推论有时意指一个条件陈述句，有时候意指一个推理，有时候意指两个语句间的关系或后承。尽管我们也采用中世纪的"前件"和"后件"术语，但是这些术语在当代通常更自然地被翻译成"前提"和"结论"。现在，一个条件句的前件通常是条件句中"如果"所引导的从句。当我讨论中世纪的两种类型的推论的区别时，我们常常把它视为两种条件句的条件句。因为推论是一个比当前使用的任何术语更为普遍的术语，并且它包括条件句。

第三章 近代的条件句逻辑思想

从上述两章的论述，我们不难发现，自斯多噶学派以来，尽管中世纪的逻辑学家对此作出了很多的贡献，但条件句逻辑并没有得到长足的发展，中世纪逻辑学家仅仅是把蕴涵和条件命题看成同一的，而且一般都表示为不可能前件真而后件假。

到了19世纪后，这种现象有了明显的改观，自从皮尔士和弗雷格相继提出了基于"费罗蕴涵"的实质蕴涵的观点后，条件句逻辑开始得到了众多学者的关注。其实，从实质蕴涵的真值表中我们不难发现，按照实质蕴涵的观点，一个实质条件句 $A \supset C$ 逻辑等价于 $\neg A \vee C$ 或者 $\neg (A \wedge \neg C)$（这里 $\supset$ 表示实质蕴涵，$\neg$ 表示并非，$\wedge$ 表示合取，$\vee$ 表示析取），按照这种观点，自然语言简单条件句表述了由这个条件句前件和后件所构成的真值函数。在本文中，为了简便，我们把基于"费罗蕴涵"的实质蕴涵的思想称为实质条件句思想。

第一节 皮尔士的条件句逻辑思想

查尔斯·桑德斯·皮尔士（Charles Sanders Santiago Peirce）（1839—1914），19世纪末20世纪初美国著名的哲学家、自然科学家、逻辑学家，实用主义的创始人。皮尔士1839年9月10日出生于马萨诸塞州的坎布里奇，他的父亲B.皮尔士是一位数学家，毕业于哈佛大学，毕业后在霍普金斯大学任教。尽管查尔斯·桑德斯·皮尔士从其所从事的工作来看是一位化学家，并且是个被雇用了30年的科学家，但是他现在在学术圈内几乎是被当作了一位哲学家。他是数学、知识论、科学哲学、形而上学和研究方法论领域中的改革者，但是他自认为自己首先是逻辑学家。当前哲学研究领域的很多工作都可以追溯到皮尔士，例如数学哲学、科学哲学、现代逻辑、指号学、符号学、心灵哲学、语言哲学以及可能世界语义学等。

此外，他对形而上学的贡献也被当代哲学家视为无尽的宝藏。尽管他主要对形式逻辑做出重要贡献，他的"逻辑"所涵盖的很多内容现在被称作科学哲学和知识论的知识。查尔斯·桑德斯·皮尔士发现并创建了作为符号学分支的逻辑学，他发现逻辑运算与电子开关电路相关，这对于后来电子计算机的出现奠定了基础。他生前仅发表过一些单篇论文，其中对实用主义的发展较有影响的是发表于《通俗科学月刊》上的《信念的确定》（1877）和《怎样使我们的观念清晰》（1878）。他的大部分论著由后人编辑整理成《皮尔士文集》共8卷，1933年由美国哈佛大学出版社出版。

皮尔士对条件句的贡献是显而易见的，在19世纪80年代，他发展了一些和弗雷格相同的条件句逻辑思想。但是，皮尔斯并不知道弗雷格，他对逻辑史更感兴趣，皮尔斯也许是第一个明确采用费罗蕴涵条件句思想的逻辑学家。

皮尔士对条件句的讨论更多地与预设命题联系在一起，皮尔士自认为是一个费罗主义者。因此，他经常使用实质蕴涵或者（费罗蕴涵）中的概念——后件。他对"实质蕴涵"进行了探讨，他继承并发展了费罗的条件句理论。他认为实质条件句关系是"推断关系"，并把"如果A，那么B"解释为"没有A真而B假"的情况，肯定了A真是包含在B真当中。从本质上看，皮尔士对条件句的基本分析在本质上与费罗、罗素、弗雷格、蒯因是相同的。

皮尔士对条件句的立场前后并不是一致的，如果从其整体逻辑思想来看，他对费罗主义的理解分为两个阶段，他在前期支持"唯名论"费罗条件句，后期转而支持"唯实论"费罗条件句。在涉及可能世界模态语义学时，皮尔士详细讨论了费罗与底奥多鲁之间的论争；然而，皮尔士所讨论的底奥多鲁主义和同时代的底奥多鲁主义不一样。西塞罗（罗马的雄辩家，政治家）和其他的古代学者都提及了两个逻辑学家底奥多鲁和费罗之间的伟大论辩，也就是关于条件句命题的意义。当然，这种争论到今天为止一直在持续。底奥多鲁的观点好像在这两种条件句思想中更与人们的直觉符合。这种思想所面临的困境在于人们很难成功地对它的合理性和复杂性作出清晰的判断。费罗的条件句思想之所以被逻辑学家所喜欢，主要的原因在于它非常清晰和简单。当然，它也存在一些问题，例如它会产生一些与一般意义冲突的结果。对于这个问题，皮尔士指出：

西赛罗告诉我们，在他那个时代，在逻辑学家费罗和底奥多鲁之间曾产生一场著名的关于条件句命题意义的争论。费罗认为如果无闪电或者如果打雷,命题"如果有闪电,那么会打雷"就是真的,"如果有闪电,那么会打雷"这个命题只有有闪电或者没有打雷时才是假的。底奥多鲁反对这种观点。或者是当时的记录者或者是他本人未能说清楚这个问题,虽然存在一些事实上的底奥多鲁主义,但是没有人能够清楚无误的说明这种观点。大多数强逻辑学家是费罗主义的拥护者,大多数弱逻辑学家是底奥多鲁主义的拥护者。在某些方面,我是一个费罗主义拥护者;但是,我并不认为这种判断对底奥多鲁主义问题的一方有用。仅仅凭借无闪电,命题"如果有闪电,会打雷"就为真,底奥多鲁模糊地感觉这种表述是存在问题的。①

尽管皮尔士认为"至少是对欧洲语系的人来说,底奥多鲁的观点好像对人们的思想更加自然",对此,他尝试比较了费罗和底奥多鲁观点的异同:

> 按照费罗的观点,我们可以把"如果现在有闪电,会打雷"理解为实质条件句的后件,意指"或者现在无闪电或者不久会打雷"。按照底奥多鲁以及他的追随者的观点(在这里他好像陷入了一个逻辑陷阱),这个命题意指"现在有闪电并且不久会打雷"。②

如果不与同时代的"底奥多鲁"模态逻辑相联系的话,皮尔士所理解的底奥多鲁的观点需要一种对前件条件的"存在输入"。当然,皮尔士所提到的底奥多鲁以及他的追随者所提到的条件句的函数意义实际上不是一个条件句,而是更加接近于合取的意义,这仅仅是皮尔士不愿拒斥"底奥多鲁主义"的策略。更加可能的是这条进路表述了这样一种理念:我们可以把条件句视为普通意义上的条件句。也许皮尔士本人的目的是想修正有缺陷的底奥多鲁主义,对此他指出:

> 存在一个与他自己所构造的更好的辩护,即在我们所普遍使用的语言中,我们常常在这种意义上理解可能性的范围:在某些可能的情

---

① Peirce, C. S. (1976), The New Elements of Mathematics, v. 4, ed. Carolyn Eisele, The Hague: Mouton, p. 169.
② Peirce, C. S. (1936 – 58), Collected Papers of C. S. Peirce, v. 3 ed. Charles Hartshorne and Paul Weiss, v. 7 – 8 ed. Arthur Burks, Cambridge: Harvard, p. 442.

况下，前件会是真的。①

根据这一点，底奥多鲁的观点实际上与费罗的观点并不是相互竞争的关系，反映到普通语言的使用的问题上，反而是相互补充的关系。

与技术性很强的底奥多鲁式的模态逻辑相比较，底奥多鲁主义的意义是成立的，皮尔士理解的底奥多鲁条件句思想完全不同于费罗的条件句思想。皮尔士对费罗和底奥多鲁的理解也完全不同于古代人们的理解。在某种程度上，我们甚至可以把费罗与底奥多鲁的论争视为 C. I. 刘易斯与罗素以及蒯因与马卡斯（Ruth Marcus）论争的原始起点。他们所争论的焦点在于模态命题的本质，进一步说是"蕴涵"与模态性的关系。按照 C. I. 刘易斯的说法，这个问题是"实质蕴涵"与"严格蕴涵"的关系。按照西方哲学界的普遍观点则是"唯名论"与"唯实论"的关系。

在皮尔士的著作中，他经常使用预设（hypotheticals）这一术语，而不是条件句命题这一术语。"预设"这个术语暗示了在数学逻辑和皮尔士的哲学之间存在强烈的联系。我们可以发现预设一词也存在于康德的思想中，康德对皮尔士的影响是最大的。但是，从文献上看，皮尔士所讨论的预设更多地与他的符号逻辑联系在一起：

> 为了使问题更加清晰，我们通常都是从定义一个预设命题的意义开始的。语言用法所产生的内容不会影响到我们，但是与其他特殊种类的言谈一样，在技术逻辑公式中，语言也有它的意义修正，问题是在逻辑中通常依附于预设命题意义的内容是什么？现在，预设命题的特性存在一个问题，即它超出了事情的真实状态，并且宣称出现的情况是不同于其本身的。说"如果 A 是真的，B 是真的"，这种现象的效用是使我们陷入了规则的属性，以至于我们此后听到我们无知的东西，即 A 是真的，在借助于这个规则的前提下，我们会发现我们可以知道其他的事情，即 B 是真的。在它的最初意义中，这种可能性对我们所知的是真的、对我们不知道是假的这种现象是不用怀疑的。如果整个范围的可能性在每一种情况中都是 A 真 B 也真，那么这会有助于我们实现这个目的。因而，预设命题在单一情况中可以为假，但只在一种情况中出现 A 真 B 假。在 A 真 B 也真的情况下不会为假。如果 B

---

① Peirce, C. S. (1976), The New Elements of Mathematics, v. 4, ed. Carolyn Eisele, The Hague: Mouton, p. 169.

是一个在任何可能性下都真的命题，那么不管普通言语的用法是什么，这个预设命题在它的逻辑意义中也应该视为真的。另一方面，在整个范围的可能性中，如果 A 在任何情况下都不真，那么这是一个完全不同于这个预设是否被理解为真或假的问题，因为它是无用的。但是，这会更加简单地区分哪些命题是真的，因为前件为假的这种情况在任何其他情况下都不预设为假。这就是在本文中我所赋予预设命题的意义。①

按照皮尔士的观点，其基于可能性范围之上的量化是其思想的一个重要组成部分，从其论述中也能得出这一点：

  一个预设命题的量化主体是一种可能性、或是可能情况、或是事情的可能状态。在它的最初的状态中，"可能"是一种我们所不知为假的已知信息状态的预设，并且我们推不出其为假。这种假设的信息状态也许是言说者的真实状态、也许是或多或少的信息状态。因而出现了各种各样的可能性。②

这种在可能性范围上的量化是皮尔士逻辑思想的基础，在1902年，他对这个问题进行了论述：

  在我1880年的文章中，我给出了一个不完美的几何说明。我这里提到量化可能情况的必然性是为了解释条件句或者非独立命题推论。但是，这与后来我发展的处理实质条件句后件的量化符号没有相似之处。③

皮尔士进一步发展了量化的概念：

  要表示命题"如果 S 那么 P"，首先把这个命题写成：A。但这个命题为可以想象事情的状态缺乏可能性的范围。因而我们可以用 B B

---

① Peirce, C. S. (1936 – 58), Collected Papers of C. S. Peirce, v. 3 ed. Charles Hartshorne and Paul Weiss, v. 7 – 8 ed. Arthur Burks, Cambridge: Hrvard, p. 374.
② Peirce, C. S. (1936 – 58), Collected Papers of C. S. Peirce, v. 2 ed. Charles Hartshorne and Paul Weiss, v. 7 – 8 ed. Arthur Burks, Cambridge: Hrvard, p. 374.
③ Ibid., p. 349.

来代替 A。B 表示 S 为真、P 为假的可能性。所以，SS 否定 S，由此得到（SS, P）表示 B。因而我们可以把它写作：SS, P; S。①

皮尔士的条件句思想（或者更加准确地说是预设思想）与量化思想是相容的，它们是一个有机组成部分。皮尔士认为利用存在图可以更加恰当地表征逻辑主题。其中，存在图可以表征实质条件句与预设的关系。存在图的最基本的符号是"断定表格"（Sheet of Assertion），它可以表征言语范围的真，尤其是它可以表征言语的范围。

就像当前的例子一样，一个实质命题与一个单一状态范围相关。这样的命题是完全真或者完全假的。但是，如果它在假设一般范围、允许一个普通命题指谓某事可能为真的问题上不能表现的更好，那么这是有问题的。在确定环境下书写一个命题并断定它。通过用确定表格书写这个命题，我们可以表征我们符号系统中的这些情形。②

在 1903 年的论文中，皮尔士提出：

如果一个符号（expression）系统对所有的必然后件的分析都是充分的，那么这个系统要能表述一个人们所表述的后件 C 是从其所表述的前件 A 得到的。至此，这种约定不能使我们表述这一点。为了要形成一个新的、合理约定的目的，我们必须树立一个具有明显区别的思想：它意谓的内容可以表述后件从前件中得到的思想。这意味着要把前件断定添加到后件断定中，我们可以继续一个一般原则，其应用不会把一个真断定转变为一个假断定……但是，在我们表述命题所涉及的一个普遍原则，或者就像我所说的"可能范围"之前，我们首先要发现表示最简单条件句命题的意思，在"如果 A 真，那么 C 真"中，这个实质条件句只是意谓着添加 A 的断定到 C 的断定不会把真的断定转化为假的断定。③

---

① Peirce, C. S. (1936-58), Collected Papers of C. S. Peirce, v. 4 ed. Charles Hartshorne and Paul Weiss, v. 7-8 ed. Arthur Burks, Cambridge: Hrvard, p. 14.
② Ibid., p. 376.
③ Ibid., p. 435.

为了解决这个问题,皮尔士进一步发展了存在图来表征条件句。

> 为了产生前件和后件之间关系的表征,我们必须提醒自己什么空间关系类似于它们的关系。①

综上所述,我们不难发现,皮尔士条件句思想的来源与弗雷格一样,都渊源于古希腊的麦加拉—斯多噶学派的条件句逻辑思想,但是,皮尔士条件句思想又与弗雷格的条件句思想存在一些不同。从本质上看,皮尔士的条件句逻辑思想是对底奥多鲁的条件句思想的一种修正,同时又对费罗条件句思想进行了有益的补充。我们可以发现,皮尔士自1880年以后就专注于"可能世界"逻辑,他把条件句理解为可能世界的一种恰当解释,但是他从没有放弃对实质条件句的研究,而是把这种研究贯穿在他一生的逻辑研究中,他认为实质蕴涵是第二个预设到更大的第三个的预设,这不能被理解为可能信息状态的外部语境。

第二节 弗雷格的条件句逻辑思想

弗里德里希·路德维希·戈特洛布·弗雷格(Friedrich Ludwig Gottlob Frege, 1848—1925),德国数学家、逻辑学家和哲学家,数理逻辑和分析哲学的奠基人,德国耶拿大学数学教授。在耶拿,尽管弗雷格在那里平静地度过了他的一生,然而他的革命性逻辑与数学思想却与他的平静生活形成极大的反差,从某种程度上讲,我们甚至可以把他视为逻辑学界的康德。他的主要著作有《概念演算——一种按算术语言构成的思维符号语言》(1879)、《算术的基础——对数概念的逻辑数学研究》(1884)以及《算术的基本规律》(1卷1893,2卷1903),论文主要有《函项和概念》(1891)、《论概念和对象》(1892)以及《论意义和指称》(1892)。

弗雷格的学术思想在其有生之年并没有引起学界的注意。他在1879年出版了《概念演算——一种按算术语言构成的思维符号语言》这本关于

---

① Peirce, C. S. (1936 – 58), Collected Papers of C. S. Peirce, v. 4 ed. Charles Hartshorne and Paul Weiss, v. 7 – 8 ed. Arthur Burks, Cambridge: Hrvard, p. 435.

逻辑学的小册子，但在当时并没有引起人们的关注，更没有人使用他所描述的二维预设。在100多年后的今天，弗雷格的这本小册子则被称为"也许是逻辑著作中最重要的一本书"①。

在条件句逻辑的研究中，弗雷格引进的第一个特殊符号是断定符号"⊢"，他的目的在于想用其表达判断或者是断定，其中，"∣"是判断短线，"—"是内容短线，如果没有判断短线，只有内容短线，那么可以用来说明记号所表达的内容是没有加以肯定或者否定的，对这一内容的正确性没有任何的判断。

在解决了传统的判断分析的问题之后，弗雷格继承了费罗的条件句思想，明确地提出了"真值蕴涵"思想，并对条件联结词作了真值蕴涵的解释，这样就与日常语言区别开来。他认为"A蕴涵B"（A和B分别表示命题）可表示为：

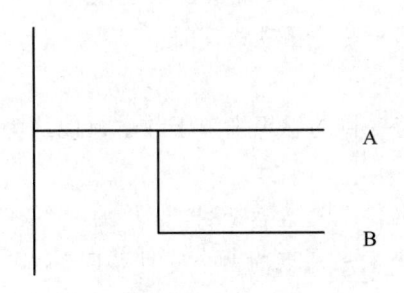

A蕴涵B

弗雷格把联结两条水平线的垂直线称为条件短线。这样，A和B之间就有四种可能性：(1) A肯定，B肯定；(2) A肯定，B否定；(3) A否定，B肯定；(4) A否定，B否定。这里除了第二种可能性不能实现外，其余三种可能性都是可以实现的。

从总体上看，弗雷格的这种思想与费罗的条件句思想非常接近，但是两者之间还是有所区别的。例如弗雷格"承认（但费罗不承认）这样的一个记号不表达'如果'这个词的全部意义。因为当他用'条件短线'来称呼连结水平的垂直线时，他说这样的线不能完全用'如果'来反映，除非A根据某些规律与B联系在一起，使得我们不用知道A和B是否分别被加

---

① Jean Van Heijenoort. (1970) Frege and Godel: two fundamental texts in mathematical logic Cambridge, Harvard University Press, p. 1.

以肯定或否定就能作出判断⊢⊏^A_B"①。

弗雷格关注费罗条件蕴涵的主要原因是他想利用费罗蕴涵解决演绎严格性问题，他说："两个判断⊏^A_B和⊢B结合一块推出判断⊢A，因为⊏^A_B排除掉列在上面的四个可能性中的第三个，而⊢B排除掉第二个和第四个。"②

对于传统逻辑中的主项和谓项，弗雷格用函项与变目来取代，在《概念文字》的序言中，他指出：

> 假定一个简单的或复杂的符号出现在一个表达式的一个或多个地方（表达式的内容不必是可能的判断内容）。如果我们设想一个符号在它出现的一个或多个地方可以用另一个符号替换（每一次是同一个），那么在这样替换之下自身没有显出变化的一部分表达式就称为函项；可替换的部分称为函项的变目。③

弗雷格关于函项与变目的思想来源于数学，他认为：

> 复杂记号"Φ(Γ)"是表达变目"Γ"的一个不确定的函项，"Ψ(Γ, Δ)"是表达按那个顺序所取的两个变目"Γ"和"Δ"的一个函项。④

弗雷格在函项与变目的基础上，首先引进了全称量词和存在量词，根据弗雷格的观点："这意味着不管我们怎样取函项的变目，函项总是一个事实。"弗雷格把全称量词用符号表示为：

$$\vdash\!\!\!\smile_x\!\!\!\!-\!\!\!\!-\Phi(x)$$

这个表达式的意思等价于"所有X都是Φ"。弗雷格用符号把存在量

---

① 〔英〕威廉·涅尔、〔英〕玛莎·涅尔：《逻辑学的发展》，张家龙、洪汉鼎译，北京：商务印书馆1985年版，第602页。
② 同上。
③ 同上书，第605—606页。
④ 同上书，第607页。

词表示为：

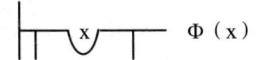

$$\vdash\!\!\!\!-\!\!\underset{x}{\smile}\!\!\!-\!\!\!\!\top \quad \Phi(x)$$

这个表达式的意思等价于"并非所有的 x 都是Φ"。

弗雷格还发展了当代符号逻辑的核心内容——谓词逻辑，1906 年，他在写给胡塞尔的一封信中，提到他发展量化的目的是想把其与真值函项条件句结合起来：

> 关于命题"如果 A，那么 B"是否等价于命题"并非 A 合取非 B"的问题，有些人一定会认为，在一个预设结构中，我们有这样一个不恰当的命题规则：既不是前件本身，也不是后件本身所表述的思想，而是只有当整个的命题复合时，才表述思想。每一个命题只是一个直陈的部分，并且每一个命题都显示其他的部分。在数学中，这种组成部分常常使用数字来表述（如果 $a>1$，那么 $a^2>1$）。整个命题需要定律的特征，即内容的普遍性。但是，如果我们先假设字母"A"和"B"对任何命题都成立。那么 A 既为真又为假的情况是不存在的；但是 A 或者真、或者假的情况是存在的。当然，B 也存在相同的情况。因此，我们得到四个复合情况：
>
> A 为真并且 B 为真；A 为真并且 B 为假；A 为假并且 B 为真；A 为假并且 B 为假。第一种情况、第三种情况、第四种情况与命题"如果 A，那么 B"是相容的，但是第二种情况与命题"如果 A，那么 B"是不相容的。[①]

弗雷格所提出的这种包含变项的谓词量项办法很容易就能表征四个传统的词项逻辑判断形式，弗雷格的谓词逻辑可以解决把其他语句添加到量化结构中的问题。

弗雷格的一阶谓词演算的公理共有九条：

[①] Frege, G. (1980) Philosophical and mathematical correspondence, Chicago, University of Chicago Press, pp. 68 – 69.

68　条件句逻辑思想史

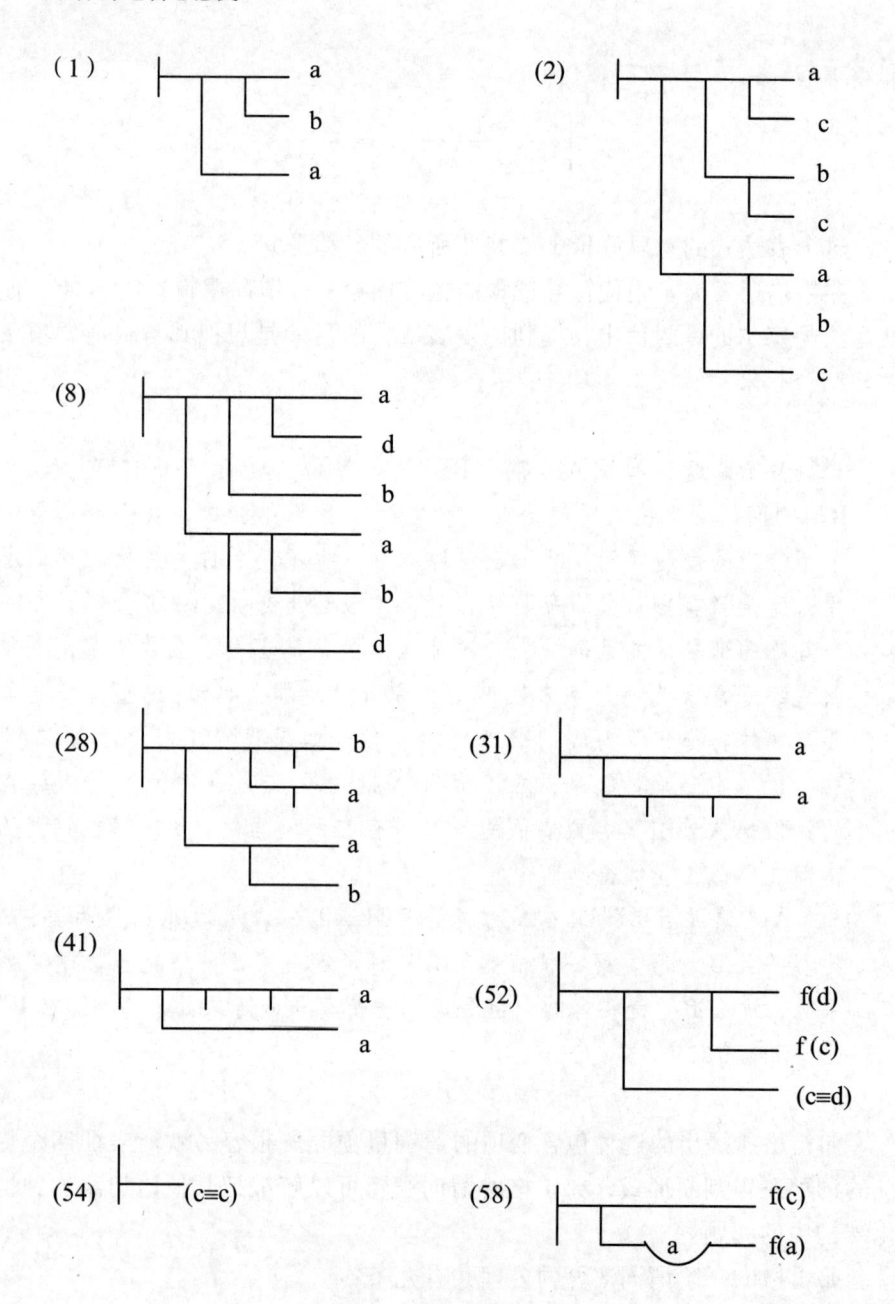

弗雷格一阶谓词演算公理[①]

[①] 〔英〕威廉·涅尔、〔英〕玛莎·涅尔：《逻辑学的发展》，张家龙、洪汉鼎译，北京：商务印书馆1985年版，第611—612页。

如果以现代逻辑的视角看，弗雷格一阶谓词演算公理的第一条公理相当于"任何命题蕴涵真命题"，第二条公理是包含蕴涵词的分配律，第八条公理相当于前件交换律，第二十八条公理相对于易位律，第三十一条公理和第四十一条公理相对于双重否定律，第五十二条公理相当于从 c = d 得到 f（c）→f（d），第五十四条公理相对于同一律，最后一条公理相对于全称消去律。

按照弗雷格的观点，下面这种形式的判断，其真值条件有相同的模式：

对于所有的 x，如果 x 是 F，那么 x 是 G。
并非（存在 x，使得 x 是 F 并且 x 不是 G。）

这种等价性促使弗雷格产生了辩护"如果 A 那么 B"和"并非 A 而是 B"等价。如果当时学界能接受弗雷格的逻辑构想，那么他的思想可能不会遭遇到在有生之年没有得到重视的窘境。弗雷格认为如果一个条件句的前件和后件只存在真、假两种情况，那么一个条件句的真值分布会出现四种可能：

1. 第一个为真，第二个为真。2. 第一个为真，第二个为假。3. 第一个为假，第二个为真。4. 第一个为假，第二个为假。

现在，如果第三种情况不成立，那么这种由条件句所激发我设计的联系是可以得到的。表述第一种思想的语句是后件，表述第二种思想的语句是前件。从我给出这种思想，到现在为止已经过去 28 年了。我相信在当时我只是简单地提到这一点，但是其他人会很快全面理解这种思想。现在，时间过去了近 1/4 个世纪，绝大多数数学家并没有意识到这个问题，逻辑学家也没有意识到这个问题。他们是多么顽固呀！[1]

综上所述，弗雷格对费罗的条件句思想以及真值函项条件句进行了重新的发掘，并使其成为自己逻辑学的基础。从文献上看，弗雷格是第一个详细描述了真值函项概念的哲学家，因为在古代的费罗以及中世纪的条件句逻辑思想中，我们并没有看到"真值函项"这个概念，尽管他们所研究

---

[1] Frege, G. (1979) Posthumous Weiting, Chicago, University of Chicago Press, p. 186.

的内容也涉及真值函项。弗雷格和亚里士多德、康德一样，也是通过改变人们的思维方式，影响了西方哲学发展的进程。当然，受到时代的局限性，弗雷格的工作也存在一些问题。首先，弗雷格的命题逻辑没有使用真值函项的概念。很明显，在一个完全形式系统中，准确规则允许人们不诉诸于一个特殊公式的变项是否合法的意义，一个特殊公式是否是一个系统的定理为一个纯粹的句法问题。其次，弗雷格的命题逻辑没有使用重言式的概念。我们知道借助于重言式概念，逻辑学家可以证明所有式子中，只有重言式是定理这样的形式系统结果。这样的结果对于条件句而言，我们可以在这样的一个形式系统中，从前提中得到的论证结论，其当且仅当对应的条件句是一个重言式。也就是说如果我们当把实质条件句与重言式概念结合在一起，其在形式逻辑中会充当一个有用的重要角色。最后，尽管对命题逻辑而言，弗雷格的方案是毫无争议的，但是，关于实质条件句与表征普通语言的条件句相匹配而产生的"实质蕴涵怪论"问题，已经成为学界质疑这种思想的一个重要的导火索。

我们认为，在近代，弗雷格和皮尔士人所提出的实质蕴涵思想在逻辑上具有重要的学术价值和理论意义。如何准确而深入地发掘继承弗雷格和皮尔士所提出的条件句思想——实质蕴涵思想，同时批判性地进行理性创新，这是当前哲学和逻辑领域的一项任重道远的任务。另外，实质蕴涵的提出是历史的一种必然产物，我们知道逻辑是为评估实际论证奠定基础的，理解逻辑的功能或对其作出适当的定位是关键之一。但是，自从逻辑科学诞生以来，我们对此回答的理解没有取得多少进步。在伽利略、笛卡儿和霍布斯之前，人的适应性和数学的严格性被视为人类理性的双面。从1620年开始，这个平衡被颠覆了，因为数学证明的威望把哲学家导向否认人类论辩的非形式（non-formal）的种类。牛顿物理学被看作真正的"硬"科学样板的主要理由是，它作为一种预言和控制工具的所谓成功。但是，那些把它当作人文科学一个范例的人从未足够仔细地研究，它具有扮演这个角色的条件。正是这种大的历史背景，促使逻辑学家更加准确地表述条件句的性质，实质条件句逻辑思想的提出也就不足为奇了。

第四章 现代的条件句逻辑思想

通过皮尔士和弗雷格的努力，条件句逻辑得到了迅速的发展，进入20世纪后，随着概率逻辑、认知逻辑以及可能世界语义学等新的逻辑思想被引入到条件句逻辑中，条件句逻辑的发展进而能够突破近代的条件句思想，出现了一种百花齐放的局面，在这种思潮的影响下，当代研究条件句的理论非常多，从总体上完全把握这些理论确实存在一定难度，尽管这段时期产生的条件句逻辑思想很多，但是，从它们的研究内核来看，我们还是能分清其研究侧重点的不同，根据其研究侧重点的不同，从总体上看，条件句逻辑有两次发展高潮，第一次高潮是20世纪40年代，主要围绕对反事实条件句进行了研究，其成果是古德曼的"共支撑"理论，第二次条件句研究高潮出现在20世纪60年代，主要围绕可能世界、概率与认知展开。此后，学界对条件句逻辑的研究热度尽管有所减弱，但仍是热烈的。在这个时期，学界主要围绕条件句的分类问题、相干逻辑在哲学和计算机科学领域中的应用、覆盖律则与反事实条件句逻辑问题、可能世界观念与反事实条件句逻辑问题以及选择函数、假设修正概念模型化与直陈条件句逻辑的问题展开。从纯条件句逻辑来看，在当代，条件句逻辑得到了快速的发展，其成果主要集中在以下几个方面：扩充的实质条件句、变异的实质条件句、条件句的语言学进路、条件句的概率进路、条件句的可能世界进路以及条件句的认知进路等几个方面。

第一条研究进路是传统的实质条件句研究进路，这条进路主要是沿着皮尔士和弗雷格的实质条件句研究进路继续前进，也就是按照实质蕴涵的思想来解释条件句，主要支持者有罗素、怀特海、维特根斯坦和蒯因等人。

第二条研究进路是扩充的实质条件句研究进路。这条进路认为传统的实质条件句进路是合理的，也就是实质条件句与自然语言条件句有相同的真值条件，之所以出现实质蕴涵怪论是因为这个理论还不完善，需要对这个理论进行扩充，他们用含意的观点来解释条件句，这种观点的支持者主要有格赖斯的会话含意理论和杰克逊（Frank Jackson）的规约含意理论。

第三条研究进路是变异的条件句研究进路。这条进路修改了实质条件句研究进路的一个或者几个预设，主要包括严格蕴涵、相干蕴涵和衍推等思想，这种观点的支持者主要有 C. I. 刘易斯、阿克尔曼、安德森（Anderson）和贝尔纳普（Belnap）等人。

第四条研究进路是语言学进路。语言学进路的基本思想是反事实条件句 A>C 是真的当且仅当 A 加上某些其他的相关前提衍推 A。这个理论的支持者主要有齐硕姆和古德曼。学界之所以把这种思想称为语言学进路，原因在于这个理论试图依据语言学概念，如衍推和前提，来说明反事实条件句的真值条件。尽管支持这种思想的学者有时也会使用可能世界这个术语，但是其目的主要在于把可能世界作为一种辅助解释，并没有贯穿他们理论的核心。

第五条研究进路是可能世界进路。可能世界进路认为人们与现实世界或者赋值世界的相似的可能世界之间存在某种顺序函数或选择函数，在一个已知的赋值世界，虚拟条件句的真值取决于封闭世界中后件的真假，或者取决于赋值世界（前件为真）的世界。这种观点的支持者主要有斯塔尔纳克、D·刘易斯等人。

第六条研究进路是概率逻辑进路。概率进路试图用条件句的概率等于相应地条件概率这一概率与统计初步的数学思想来解释条件句，也就是把一个条件句的概率等价于一个条件概率，这种观点的支持者主要有斯塔尔纳克、亚当斯等人（但是后期的斯塔尔纳克并不支持这一观点，甚至是反对这一观点）。

第七条研究进路是认知进路。认知条件句逻辑开始于加登福斯（1978），这条进路借助于非概率思想，提出了一种新的条件句接受理论。但是，这条进路与由斯塔尔纳克和刘易斯所提出的条件句思想却有着极其重要联系，也就是依据信念修正策略对条件句提出了一个可接受性条件。但是，加登福斯的条件句理论与斯塔尔纳克的思想又有所不同，其主要的区别就在于加登福斯认为"Ramsey 测验"仅仅是一个接受检验而已，它不是建立条件句可能世界语义学的桥梁。

当然，现代的条件句逻辑思想是纷杂的，为了简单，在本章中，我们将大体按照这个分类，对现时代的这些条件句逻辑思想进行逐一梳理。

第一节　传统的实质条件句逻辑思想

通过上一章的介绍，我们知道近代传统的实质条件句进路主要源于弗雷格和皮尔士。他们对实质蕴涵的研究，开创了近代条件句逻辑研究的一个高潮。例如，在《概念演算———一种按算术语言构成的思维符号语言》这本书中，弗雷格对命题逻辑进行了重新限制，这对于解决系统衍生有重要的影响，弗雷格还发展了谓词逻辑，尽管它与现代的符号逻辑不尽相同，但是它可以很容易地转化为符号逻辑，这是当代符号逻辑的核心内容。此后，罗素、怀特海、维特根斯坦、蒯因等人对弗雷格和皮尔士所提出的这种传统的实质条件句思想进行了发展、充实，其已经逐渐成为一条对现代条件句逻辑发展影响最大的研究进路。但是，这条进路所面临的困境是，如果把直陈条件句 A→C 作实质条件句的解释，则会出现违反人们直觉的怪论（paradox）。这条传统的条件句逻辑思想的支持者主要有罗素、怀特海、维特根斯坦等人。

一　罗素的条件句逻辑思想

罗素（Bertrand Arthur William Russell）（1872—1970）出生于英国的威尔士莫矛斯郡一个贵族世家。罗素幼年的时候父母双亡，是他的祖母将他抚育成人。罗素在1890年考入剑桥大学，学习数学，1893年开始学习哲学。罗素是英国著名的哲学家和数理逻辑学家，同时也是分析学的主要创始人之一，还是世界和平运动的倡导者和组织者。罗素在哲学方面的主要贡献是数理逻辑领域，他提出了逻辑原子论和新实在论。罗素学识渊博，通晓哲学、社会学、教育学、数学和政治学等多个学科。他的哲学观点多变，其早期是属于新实在主义，晚年逐渐转向为逻辑实证主义。其哲学和逻辑学的主要著作有：《论几何学的基础》（1897年）、《数学原理》（3卷，与怀特海合著，1910年至1913年间完成）、《逻辑原子主义哲学》（1918至1919年）、《数理哲学导论》（1919年）、《对意义和真理的探究》（1940年）和《西方哲学史》（1945年）等。

在罗素与怀特海合著的《数学原理》中，罗素对蕴涵问题做了深入详细的研究。罗素认为蕴涵问题是根据命题与命题函项的区别而来的。他指出蕴涵可以分为两种类型：一种是实质蕴涵，另一种是形式蕴涵。并且对这两种蕴涵而言，实质蕴涵和形式蕴涵是每种演绎的本质。

皮尔斯提出了一个与一般意义冲突的结果："如果魔鬼当选美国总统，那么这将证明有益于人们的精神福利。"条件句的前件假，后件真对于费罗的条件句思想而言是逻辑充分的。这种情况被罗素和怀特海在《数学原理》中进行了详细的探讨。他们把这个问题表述为：

*2.02 ⊢: q. ⊃. p⊃q

即 q 蕴涵 p 着 p 蕴涵 q，也就是真命题被任何命题所蕴涵。

*2.21 ⊢: ~p. ⊃. p⊃q

即假命题蕴涵任何命题。①

使用小圆点表示群集的原则被以后的一些逻辑学家所采用，其中就包括著名的美国逻辑学家蒯因。但是，在现代逻辑中，我们通常使用"⊢"。其实，按照现代的逻辑符号，我们可以把上述两个公式表示为：

*2.02 q⊃（p⊃q）
*2.21 ¬p⊃（p⊃q）

这里，"¬"是表否定的算子，⊃表示实质蕴涵算子。

如果前一个语句蕴涵后一个语句，那么后一个语句就是前一个语句的后承。尽管怀特海和罗素称"P⊃Q"可以读作"如果 P，那么 Q"，但是，他们还是把其读作"P 蕴涵 Q"。在他们引入"⊃"的同一个段落，他们写道：

> 把一个明显变项的使用与蕴涵联系在一起产生了一个称为"形式蕴涵"的外延，后者可以被解释为：它是一个来自我们这里所定义的"蕴涵"的思想。当我们必须明确地把"蕴涵"从"形式蕴涵"中区分出来时。我们可以把它称为"实质蕴涵"。因而"实质蕴涵"可以简单地称为我们这里所定义的"蕴涵"。②

由此可见，罗素把蕴涵进一步区分为实质蕴涵和形式蕴涵。

关于实质蕴涵，罗素在《数学原理》中提出，实质蕴涵是两个意义全

---

① Whitehead, Alfred North, and Bertrand Russell（1962）. Principia Mathematica to *56, Cambridge: Cambridge University Press, p. 99.
② Ibid., p. 7.

然确定的命题之间的蕴涵关系:"欧几里德第五命题出自第四命题;如果第四命题真,则第五命题真;而如果第五命题假,则第四命题假。此为实质蕴涵的实例。因为两个命题都是绝对恒常的,并不依赖于它们的变元取值的意义。"①

另外,罗素认为实质蕴涵实际上表现为假设命题与推断之间的演绎关系,但是,在欧几里德几何中,只要是从另一命题演绎出一个特定的命题,都包括实质蕴涵。罗素在《数理哲学导论》中就指出:

> 为了能够正确地推论出一个命题真,我们必须知道某个命题的命题真,并且在二命题间有一种称作"蕴涵"(implication)的关系,即前提"蕴涵"结论。②

接着,罗素定义了"蕴涵"的概念,他认为所谓蕴涵是指具有如下关系的推论:

> 当我们着意在推论时,以"蕴涵"作为初始的、基本的关系似乎是自然的,因为即使我们要从 p 之真能够推出 q 之真,p 和 q 之间所有的关系就是这种关系。③

> 要了解,在最广泛的意义上的蕴涵将允许我们从知道 p 真推论出 q 真来。是以这函项的意义我们可以解释为:"除非 p 是假的,q 必真"或者"或者 p 是假的或者 q 是真的,二者必有其一"("蕴涵"还可以有其它的意义,这一点对于我们没有关系;以上的意义对于我们才是合适的。)这也就是说,"p 蕴涵 q"意谓"非-p 或 q":如果 p 是假的它的真假值是真,同样,如果 q 是真的它的真假值也是真,但若 p 真而 q 假,它的真假值是假。④

罗素认为存在五个命题函项:否定,析取,合取,不相容和蕴涵,并认为它们之间的某些可以互相定义:

---

① 金守臣:《简明逻辑史》,山东:山东大学出版社 1994 年版,第 244 页。
② 罗素著:《数理哲学导论》,晏成书译,北京:商务印书馆 1982 年版,第 137 页。
③ 同上书,第 138 页。
④ 同上书,第 139 页。

很明显，以上五个真值函项不全是独立的。他们中间有几个可以用其它的来定义，蕴涵于是定义为"非-p 或 q"。①

对于推论产生的条件，罗素认为：

推论产生的条件就是在 p 与 q 间存在某种形式的关系。例如，我们知道若 r 蕴涵 s 的否定，那么 s 蕴涵 r 的否定。在"r 蕴涵非-s"和"s 蕴涵非-r"之间有一种形式的关系，这种关系能使我们知道前者蕴涵后者，而不须先知道前者为假，或者先知道后者是真。正是在这种情况下，蕴涵关系实际上对于作出推论有用。②

在实质蕴涵的解释中，罗素提出了 5 个演绎规则：

（1）"p 或 p"蕴涵 p——即，如果或者 p 真或者 p 真，那么 p 真。
（2）q 蕴涵"p 或 q"——即，析取"p 或者 q"在 p 和 q 二者中有一为真时为真。
（3）"p 或 q"蕴涵"q 或 p"。
（4）假若或者 p 真或者"q 或 r"真，那么或者 q 真或者"p 或 r"真。
（5）如果 q 蕴涵 r，那么"p 或 q"蕴涵"p 或 r"。③

实质蕴涵是一个通用的术语，在条件句逻辑中，为了更好地区别其他的条件句逻辑思想，学界通常把"p⊃q"称为实质条件句。怀特海和罗素还讨论了双条件句，对于双条件句，怀特海和罗素指出：

当命题 p 蕴涵命题 q 并且命题 q 蕴涵命题 p 时，我们说这两个命题是等价的。"p≡q"指称 p 和 q 的这种关系。因而"p≡q"对"(p⊃q).(q⊃p)"是成立的。我们很容易就会看到，当且仅当两个命题都真或都假时，这两个命题是等价的。我们一定不能假设等价的两个命题在

---

① 罗素著：《数理哲学导论》，晏成书译，北京：商务印书馆1982年版，第139页。
② 同上书，第144页。
③ 同上书，第141页。

任何意义中都是同一的或者甚至间接地涉及相同的论题。①

我们知道，在通常情况下，严格意义上的蕴涵与有效性之间是存在紧密关系的，也就是说，一个语句蕴涵另一个语句当且仅当从前一个语句到后一个语句的论证是有效的。但是，很少有人会认为一个具有"p⊃q"形式的实质条件句与一个对应地形如"p，因此 q"的论证，它们两者之间的有效性是逻辑充分的。然而，这种情况对双条件句却有所不同，双条件句中所使用"蕴涵"和"等价"术语，激起了逻辑哲学家为其寻找改进蕴涵说明的动力，因为如果"p⊃q"确实是表述了一种蕴涵，那么这是一种奇怪的变异。

罗素接着讨论了形式蕴涵，在定义形式蕴涵之前，罗素首先定义了什么是命题和命题函项，罗素认为命题与命题函项是不同的，我们不能把它们混为一谈，他认为命题是指：

> 我们用"命题"这个词主要地是指一些字或者其它符号组合成的一种形式，这种形式所表达的或者是真或者是假。我们说"主要地"，因为我们不想把文字符号，甚或有符号行式的纯思想以外的东西予以排斥。都是我们认为命题这个词应该限制于可以称为是某种意义上的符号的东西，或者进一步，限制于那些表达真假的符号。准此而论"二加二得四"和"二加二得五"都是命题，同样的"苏格拉底是人"和"苏格拉底不是人"都是命题。②

而命题函项则是一个表达式：

> 一个"命题函项"其实就是一个表达式，这表达包含了一个或者多个未定的成分，当我们将值赋与这些成分时，这个表达式就变成了一个命题。换句话说，一个命题函项即是其值为命题的函项。但是这后面一个定义，我们必须小心使用。
>
> 一个摹状函项，例如，"在 A 的论文中的最难的那个命题"，虽然它的值是命题，可并不是一个命题函项。在这样的情形下，只摹状了

---

① Whitehead, Alfred North, and Bertrand Russell（1962）. Principia Mathematica to ＊56, Cambridge: Cambridge University Press, p. 7.
② 罗素著：《数理哲学导论》，晏成书译，北京：商务印书馆1982年版，第146页。

一些命题，而在命题函项中，它们的值必须实实在在陈述一些命题。①

为了更好地说明命题与命题函项的区别，罗素举出了一个相关例子：

"x 是人"是一个命题函项，只要 x 未加规定，它既不真也不假，但是当我们给 x 规定一个值时，它变成了一个真或假的命题。任何数学方程式都是一个命题函项。②

对于命题函项，他认为命题函项是不需要定义的：

我们不需要问或者回答以下的问题："什么是一个命题函项？"单单一个命题函项可以看作是一个模式，一个空壳，一个可以容纳意义的空架子，而不是一个已经具有意义的东西。我们关心于命题函项的大略说有两方面：第一，就是"在一切情形下均真"和"在某种情形下真"这两个概念涉及命题函项；第二，就是在类和关系的理论中涉及命题函项。③

对于命题函项的性质，他强调：

如果"ϕx"是一个命题函项，α是可作为"ϕx"的"自变数"或称主目的一个对象，无论我们选择怎样的 α，ϕα 总是真的；事实上，这种形式的每一个命题都是真的。④

罗素利用上述思想解释了旧形式逻辑的传统形式，他指出，如果假定 S 是所有能使 ϕx 为真的那些项 x 的类，P 是所有能使 φx 为真的那些项 x 的类，那么就有：

"所有的 S 都是 P"的意思就是"'ϕx 蕴涵 φx'恒真"。
"有的 S 是 P"的意思就是"'ϕx 且 φx'有时真"。
"没有 S 是 P"的意思就是"'ϕx 蕴涵非-φx'恒真"。

---

① 罗素著：《数理哲学导论》，晏成书译，北京：商务印书馆1982年版，第146—147页。
② 同上书，第147页。
③ 同上书，第147—148页。
④ 同上。

"有的 S 不是 P"的意思就是"'ϕx 且非 - φx'有时真"。①

罗素用"一切人是有死的"这个命题来解释了上述思想：

"如果苏格拉底是人，苏格拉底是有死的"
开始，然后有"苏格拉底"出现的地方用一个变元 x 替换，于是得到"如果 x 是人，x 是有死的"。虽然 x 是一个变元，没有任何确定的值，但当我们断定"ϕx 蕴涵 φx"常真时，在"ϕx"中和在"φx"中 x 要有同一的值，这就需要我们从其值为"ϕα 蕴涵 ϕα"的函项入手，而不是从两个分离的函项 ϕx 和 φx 入手；假如我们从两个分离的函项入手，我们决不能保证这一点：一个尚未规定的 x 在两个函项中有同一的值。②

关于形式蕴涵，罗素认为，形式蕴涵是借命题函项而形成的蕴涵关系："形式蕴涵是存在于当对变元的所有值而言，一者蕴涵另者的命题函项之间的蕴涵。"③ 另外，形式蕴涵可看作借某种形式关系而成立的蕴涵："推论产生的条件就是在 p 和 q 间存在着某种形式的关系……形式蕴涵是外延地译解的。"④ 其中，在《数理哲学导论》中，罗素明确提出了形式蕴涵的定义，他指出：

为简单起见，当我们的意思是"ϕx 蕴涵 φx"恒真时，我们说"ϕx 恒蕴涵 φx"。"ϕx 恒蕴涵 φx"这种形式的命题称为"形式蕴涵"（formal implication）；这名称也可用于变元不止是一个的命题。
以上的定义表明"所有的 S 都是 P"这样的命题远非最简单的形式，而传统逻辑却以这种命题为起点。传统逻辑将"所有的 S 都是 P"看作与"x 是 P"为同一种形式的命题——例如，传统逻辑将"所有的人都是死的"和"苏格拉底是有死的"作为同一种形式看待——传统逻辑之缺少分析，这是典型的一例。从以上所说，我们已经知道，前一个命题具"ϕx 恒蕴涵 φx"的形式，而后者所有的形式乃是"φx"。将这两种形式着重分开的是匹亚诺和弗芮格，这种分辨在符号

---

① 罗素著：《数理哲学导论》，晏成书译，北京：商务印书馆 1982 年版，第 152 页。
② 同上书，第 153 页。
③ 金守臣：《简明逻辑史》，山东：山东大学出版社 1994 年版，第 244 页。
④ 同上。

逻辑中是一个极关重要的进步。①

在得出什么是形式蕴涵的结论后，罗素认为，形式蕴涵定义导致的一个结论是：

> 以上的定义导致一个结果，就是，即使 ϕx 恒假，即，即使没有这样的一个 S，那么无论 P 是什么，"所有的 S 都是 P"和"没有 S 是 P"两个全真。因为按照上章的定义（实质蕴涵——引者），"蕴涵"的意义就是"非 - ϕx 或者 φx"，如非 - ϕx 恒真，"非 - ϕx 或 φx"也恒真。乍看起来，这个结果会使读者要求不同的定义，但是一点点的实际经验告诉我们，任何其它的定义都不适用并且会将重要的思想隐蔽起来。"ϕx 恒蕴涵 φx，并且 ϕx 有时真"这个命题实际上是复合的，以它作为"所有的 S 都是 P"的定义会使用不便，因为这样一来，我们将没有话去表示"ϕx 恒蕴涵 φx"，而需要后者的时候又比需用前者的时候多百倍。②

罗素还指出，形式蕴涵和实质蕴涵二者之间的关系是形式蕴涵乃由相关的实质蕴涵有机构成，即作为从句的实质蕴涵有机构成的形式蕴涵。"总结我们关于形式蕴涵的讨论，我们所谓的形式蕴涵是对某一确定类的每一实质蕴涵的肯定。因而，在前提和结论中，从句的蕴涵是实质蕴涵，仅当主句的蕴涵是形式蕴涵。"③ 但是，严格意义上的蕴涵，与蕴涵与有效性这两者之间存在紧密的关系。一个语句蕴涵另一个语句当且仅当从前一个语句到后一个语句的论证是有效的。但是，没有一个逻辑学家会认为一个具有"p⊃q"形式的实质条件句对相应地论证 p，因此 q 的有效性是逻辑充分的。

罗素在 1906 年的《蕴涵理论》中试图证明"⊃"对蕴涵关系成立：

> 除非 p 真并且 q 不真，否则在"p 蕴涵 q"就是对任意两个实体 p 和 q 都成立的一种关系，即或者 p 不真，或者 q 真。命题"p 蕴涵 q"等价于"如果 p 为真，那么 q 为真"。

---

① 罗素著：《数理哲学导论》，晏成书译，北京：商务印书馆 1982 年版，第 153 页。
② 同上书，第 154 页。
③ 金守臣：《简明逻辑史》，山东：山东大学出版社 1994 年版，第 244 页。

综上所述,从条件句的发展历史来看,说罗素发展了一个条件句的理论是不准确的,因为他没有完全区分使用和提及之间的区别,和其他人一样,他也把条件句视为一个蕴涵理论。罗素混淆了使用和提及,值得注意的是,正是他未能对这两者进行区分的问题导致他进入了一个完全相反的方向。他把自己的蕴涵理论也看作条件句理论,尽管蕴涵语句需要涉及被提及的语句,而条件句语句不会涉及提及的语句。在1906年的《蕴涵理论》一文中,罗素没有混淆使用和提及,但这并不是说在这篇文章中,他没有混淆使用和提及,因为他把他的理论表征为弗雷格理论的重新符号化和重新认识。然而,在弗雷格的理论中,条件句是被表述为符号条件句,而不是蕴涵语句。就像逻辑教科书采用的命题逻辑原理与所发现的自然语言语句的形式匹配物一样,那些教科书用"⊃"以及"¬"、"&"、"∨"作为语句联结词。尽管人们都把形如 P⊃Q 的语句理解为条件句,但是他们一直使用"实质蕴涵"一词,因而,这会导致混淆使用和提及。尽管罗素最初的意图是把⊃理解为一个语句连接词,以形成一个除语句构成之外的复合语句,而不是两个语句之间的关系的符号,但是这不是一个历史的偶然因素。罗素完全忽视了蕴涵的正常意义,在他所使用的"蕴涵"意义中,他认为"史密斯是个医生"和"史密斯是个医学能手"这两个命题中的一个一定会蕴涵另一个。也就是,对于两个语句 p 和 q,或者 p⊃q 或者 q⊃p,按照罗素的观点,如果 p⊃q,那么 p 蕴涵 q。

二 维特根斯坦的条件句逻辑思想

路德维希·维特根斯坦(Ludwig Wittgenstein,1889年4月26日至1951年4月29日),出生于奥地利的一个犹太工业家庭,后加入英国籍。维特根斯坦是一位哲学家和数理逻辑学家,同时又是语言哲学的奠基人,也是20世纪最有影响的哲学家之一。维特根斯坦最初是到英国学习航空工程,在读了罗素《数学的原理》后,对逻辑和哲学产生了兴趣。随后,在弗雷格的建议下,1911年到剑桥向罗素学习逻辑。第一次世界大战爆发后,他自愿参加奥地利军队,后来被俘,在战俘营里,维特根斯坦完成了《逻辑哲学论》。在罗素的帮助下,1919年,《逻辑哲学论》出版,1920年英译本出版后,在哲学界引起了轰动,此后他去乡村教书。1928年,维特根斯坦重返剑桥,1936年,他成为哲学教授,后期基本放弃《逻辑哲学论》中的以逻辑规则为意义标准的思想,转向日常语义规则为意义的标准。其主要著作有《逻辑哲学论》和《哲学研究》。

维特根斯坦在《哲学研究》前言中说"应当把这些新旧思想一并发

表：因为新的思想只有同我的旧的思想方式加以对照，并且以旧的思想方式为背景，才能得到正确的理解"①，即这本书只有和《逻辑哲学论》相对照才能得到正确的理解。这不仅是内容上的对照，而且也是风格上的对照。

借助于真值表，我们可以很容易地讨论实质条件句和任意其他真值函项语句的性质。1921年，帕斯特（E. L. Post）和维特根斯坦分别公布了一个发展的真值表（这种普遍的处理方式源于早期的逻辑学家），如果每一个命题有两个值，那么，对n个命题而言，就有2^n个不同的结果，它们合起来可以穷尽所有情况。当这个值为"真"（T）和假（F）时，3个命题就会有8种可能性，其真值表如下：

p	q	r
T	T	T
T	T	F
T	F	T
T	F	F
F	T	T
F	T	F
F	F	T
F	F	F

我们可以借助于推出的四种可能性来定义二元连接词。下面的图标显示了这种情况：

p	q	p⊃q	p&q	p∨q	p≡q
T	T	T	T	T	T
T	F	F	F	T	F
F	T	T	F	T	F
F	F	T	F	F	T

一元否定连接词只有两种可能：

---

① 维特根斯坦：《哲学研究》，李步楼译，北京：商务印书馆2012年版，第2页。

p	¬p
T	F
F	T

在《数学原理》中，尽管使用原点来表示合取符号，但是我们当前采用的是 &。合取和否定的真值函项的处理很明显完全忠于"和"和"不"的普通意义。真值函项析取在表征"或者"时是存在困难的，与之相同，真值函项条件句在表征"如果"时也是存在困难的。逻辑学家通常用符号 ∨ 来表示析取。

给出用真值函项连接词所表示的任意命题和命题形式，我们可以用对应的真值表来揭示复合命题的真值是如何取决于它的命题组成部分的真值的。如果命题有 n 个命题作为其组成部分，且每一个命题都有真和假两种可能性，用维特根斯坦的话来说就有" $K_n = \sum_{v=0}^{n} \binom{n}{v}$ 种可能性"①，即 2^n 种可能性，它们合起来也穷尽了所有的真值可能性。

如果不管命题的支命题的赋值如何，这个命题都是真的，我们把这个命题称为重言式。维特根斯坦在其《逻辑哲学论》中引入了真值函项重言式这个概念，同时也引入了真值表。他稍后拒斥了这本书中的一些预设，如果今天的哲学家接受这本书的主要的哲学思想，那么很少有人会去拒斥这些假设。它的晦涩、格言体仍不断吸引了新一代学生的注意。尽管这本书有着罕见的名气，但是他的某些创新还是成为每一个哲学系符号逻辑课的一个标准部分。所有的学习逻辑的学生都会学习如何解释真值表，并且都尝试理解重言式的概念如何成为解释命题逻辑的基础。维特根斯坦首先讨论了真值条件，维特根斯坦认为：

4.4 命题是与基本命题的真值的可能性一致和不一致的式。

4.431 与基本命题真值可能性一致和不一致的式，表现出命题之是否为真值的条件。②

该组命题表明的应该是就复合命题而言的。基本命题的真值是复合命

---

① 维特根斯坦：《逻辑哲学论》，郭英译，北京：商务印书馆 1985 年版，第 51 页。
② 同上书，第 52—53 页。

题的真值条件,且维特根斯坦给出了这种真值关系的所有可能情况,即他认为"4.42 关于一个命题与 n 个基本命题的真值可能性一致和不一致,具有 $\sum_{k=0}^{K_n} \binom{K_n}{K} = L_n$ 个可能性"①。

接着维特根斯坦探讨了真值条件组合中的"极端情形",即重言式和矛盾式的真值条件,维特根斯坦认为:

4.46 在可能的真值条件组合中,有两种极端的情形。

在一种情况中,命题对于基本命题的所有一切真值的可能性都是真的,我们说这种真值条件是重言式的。

在第二种情况下,命题对于所有一切真值的可能性都是假的。真值的条件是矛盾的。

在第一种情况下,我们管命题叫重言式的命题,在第二种情况下,我们管它叫矛盾命题。

4.461 命题表明它所说的东西,重言式和矛盾式则表明它们什么也没有说。

重言式没有真值的条件,因为它是无条件地真的;而矛盾则是在任何条件下都不是真的。

重言式和矛盾式是没有意思的。

(像两支由此分为两个相反方向的点)

(例如,如果我知道在下雨或不在下雨,关于天气我就不知道什么)

4.463 真值条件决定了命题留给事实的领域。

(命题、形象、模型在消极的意义上类似于限制其他东西运动自由的固体;在积极的意义上则类似于似受固体实体限制的空间,一个物体就处在这个空间之中。)

重言式留给现实的是整个无限的逻辑空间,矛盾则充塞了整个逻辑空间,给现实没有留下一点。因此它们之中没有一个能用任何方法决定现实。②

在此,维特根斯坦分析了重言式和矛盾性的逻辑性质,他认为无论基

---

① 维特根斯坦:《逻辑哲学论》,郭英译,北京:商务印书馆1985年版,第52—53页。
② 同上书,第54—55页。

第四章　现代的条件句逻辑思想　　85

本命题取值如何，若其组成的复合命题永真，则为重言式，其真值是无条件的。与之相反的是矛盾式，它是永假的。而后维特根斯坦从命题的性质出发，认为重言式和矛盾式是没有对事实世界表达什么内容的，"只有当我们从思想本身（没有比较的客体）知道其真理性时，才能先天地知道一种思想是真的"①。重言式的真值条件也是自身形式就已经决定了的，是没有事实成分的，继而是没有意思（即意义）的。因为一个命题的意义在于对事实有所刻画，事实是意义的承载者，"3.142 只有事实才能表现意思"②。正因为命题的本质在于对事实有所刻画，因此维特根斯坦才得出真值条件决定了命题留给事实的领域的结论。

接着，维特根斯坦讨论了条件句中的另一个重要问题——真值函项，关于命题函项，维特根斯坦指出：

  5 命题是基本命题的真值函项。
  5.12 特别是命题"p"的真是由另一个命题"q"的真得出来的，如果后者的一切真值基础都是前者真值基础的话。
  5.124 一个命题肯定了每一个得自于它的命题。
  5.13 一个命题的真从一些命题的真得出来，这个事实我们是从命题的结构看出来的。③
  6 真值函项的一本形式是：$[\bar{p}, \bar{\zeta}, N(\bar{\zeta})]$。④

上述命题表明，复合命题的真值是由其支命题的真值所决定的。这一点在给出的真值表中已经表明。而5.124则表明这种真值作用的一个相互过程，即起先复合命题的真值依赖于支命题，而一旦复合命题的真值得以确定，那么从其中所推演出来的每一个命题都保证了其为真。并且此处所谈论的复合命题的真值条件，它决定于基本命题的真值。然而，这不能就说命题的真值条件是其支命题，因为这还涉及基本命题的真值条件，我们知道维特根斯坦是反对那种先验式命题的，即"2.225 没有先天是真的形象"⑤（由此可知，接下来要讨论的逻辑命题等均不是维特根斯坦严格意义

---

① 维特根斯坦：《逻辑哲学论》，郭英译，北京：商务印书馆1985年版，第29页。
② 同上书，第30页。
③ 同上书，第57—59页。
④ 同上书，第80页。
⑤ 同上书，第28页。

上的命题），那么原子命题真是由什么决定的呢？维特根斯坦认为："4.25 如果基本命题是真的，原子事实就存在；如果基本命题是假的，则原子事实就不存在。"① 即基本事态的存在或不存在是基本命题的真假的条件，换言之，命题的意义即真值最终是依赖于事实、事态的。然而，根据逻辑原子主义式的分析，我们认为事实、事态还不是最终的决定因素，因为维特根斯坦认为："2.0211 如果世界没有实体的话，则命题之是否有意思，视另一个命题之是否为真而定。"② 由此，我们又可以进一步把意义和真值的基础推进到"实体"上来。

其次，应当指出，维特根斯坦的这种函项理论是来自弗雷格和罗素的："3.318 和弗莱格和罗素一样，我把命题看作是其中所包含的式的函项。"③ 维特根斯坦还对函项的性质作出描述，他认为：

3.333 一个函项不能是它自己的主目，因为函项记号已经包含着自己的主目的原型，它不能包含其本身。④

5.234 基本命题真值函项，是以基本命题为基础的那些运算的结果。（这些运算我称之为真值运算）

5.251 一个函项不可能是它自己的主目，但是一个运算的结果却可以是它自己的基础。

5.3 一切命题都是对基本命题作真值运算的结果。⑤

即若一个函项为 F(x)，那么按照维特根斯坦的思想，我们不能有 F(F(x))，这类似于弗雷格对概念词和对象所作的区分，由于概念词是不满足的，需要对象补充。但是我们可以将 F(x) 做运算，给定 x 的值，如 a，那么就可以有 F(F(a))。即可以把一个命题运算的结果或真值作为另一个命题的主目。然而，这种分析同样是对于复合命题的。若为基本命题，则在 F(x) 中其值似乎取决于 x 的值，而在维特根斯坦那里，基本命题的真值却是取决于基本事实的。

对于命题的重言式，维特根斯坦指出：

---

① 维特根斯坦：《逻辑哲学论》，郭英译，北京：商务印书馆1985年版，第51页。
② 同上书，第24页。
③ 同上书，第33页。
④ 同上书，第35页。
⑤ 同上书，第63—64页。

5.101 "（WWWW）（p，q）重言式（如果p则p，且如果q则q）[p⊃p.q⊃q]

5.141 如果p是从q得出来的，而q是从p得出来的，则它们是同一个命题。①

6.1 逻辑的命题是重言式。

6.1221 比如，两个命题"p"和"q"在"p⊃q"的场合，产生重言式，则q由p而来是很清楚的。②

关于逻辑命题，维特根斯坦认为："人们单是从符号中就能够知道其为真，这是逻辑命题的特征，而这个事实本身包含着逻辑的全部哲学。而非逻辑命题的真或假不能单从这些命题来认识，这也是最重要的事实之一。"③ 即逻辑命题也是无条件为真的。

很明显，最后的语句说明如何把蕴涵与实质条件句连接在一起。这并不仅仅是真值的问题，而是重言式"p⊃q"对"p 蕴涵 q"是充分的。类似地，"p⊃q"一定是一个重言式，并且，对于"p"和"q"为（真值函项）等价的问题，不只是真的问题。下面的真值表阐释了一对复合命题为重言式的情况。不管构成复合的单个支命题的赋值是什么，这个复合命题总是真的。重言式（1）对应于矛盾律。按照6.1221，既然整个条件句是一个重言式，很明显，是由得到的。在5.12中，前者的真值基础包含在后者的真值基础中。重言式（2）是其中的一个所谓的矛盾结果。对任何命题"p"和"q"来说，不管它们有没有联系，至少其中的一个是真的。

综上所述，在《逻辑哲学论》中，维特根斯坦不仅给出了第一个严格、完整的真值表，而且还运用所给真值表对命题的真值条件进行刻画，此外，他还分析了逻辑联接词的性质，如："3.3441 例如，我们能够表述一切记号法所共同的真值函项如下：它们所共同的是，比如都能够用记号'～p'（'非p'）和'p∨q'（'p或q'）来代替。""5.1241 'p·q'是肯定'p'的一个命题同时也是肯定'q'的一个命题。"④ 而且尤为重要的是"他很快就作出了一个有意义的发现，即关于所谓'真值函项'的一

---

① 维特根斯坦：《逻辑哲学论》，郭英译，北京：商务印书馆1985年版，第57—60页。
② 同上书，第82页。
③ 同上。
④ 同上书，第37—59页。

种新的符号系统，它引到'重言式'的逻辑真的解释"①。当然，《逻辑哲学论》的影响远不止于此，它对语言哲学特别是逻辑经验主义的影响是十分明显的，而且一般哲学史上也把维特根斯坦列为语言哲学的创始人之一。他的另一部著作《哲学研究》则在语言分析领域引起了更大的关注，并直接影响了日常语言学派。而后，随着研究的深入，维特根斯坦的一些手稿、笔记也越来越成为研究者们关注的对象。（格雷林对此持反对态度，参见《维特根斯坦与哲学》，译林出版社2013年版）

三　蒯因的条件句逻辑思想

蒯因（Quine, Willard Van Orman）（1908—2000），又名奎因，是20世纪最重要的哲学家之一，美国具有划时代意义的哲学家。蒯因1908年在美国的俄亥俄州出生，父亲是一位实业家，母亲是一名教师。大学是在奥伯林学院数学专业学习，1930年到哈佛学习，两年后获得博士学位，此后在欧洲游学，并结识了卡尔纳普，并深受卡尔纳普影响。另外，他还受到维也纳小组的另一位重要的研究成员纽拉特的影响（主要是其对蒯因的整体主义思想影响），蒯因的哲学思想与弗雷格和罗素的哲学思想有着密切的联系，因此，学界一般认为其属于逻辑语言学派。蒯因还受到美国实用主义的影响，尤其是杜威的影响。蒯因早期主要关注数理逻辑，1950年后他在继续研究逻辑的同时开始关注哲学问题。其主要著作有论文集《从逻辑的观点看》、《自然化的认识论》和《本体论相对性及其他论文》以及专著《语词与对象》和《真之追求》。

对于条件句逻辑，蒯因进行了深入的分析，他的研究主要分为论述什么是条件句以及蕴涵这两个部分进行的。关于条件句，蒯因认为：

> 我们把具有"如果p那么q"形式的陈述句称为条件句。把处于"p"位置的成分称为条件句的前件，把处于"q"位置的成分称为条件句的后件。②

蒯因关于何为条件句的论述与前人基本上是一致的，对于自然语言的条件句的解释问题上，蒯因认为有一类言语本身不具有真假值的条件陈述

---

① 马尔康姆：《回忆维特根斯坦》，李步楼、贺邵甲译，北京：商务印书馆1984年版，第6页。
② 〔美〕蒯因著：《蒯因著作集》（第2卷），涂纪亮、陈波译，北京：中国人民大学出版社2007年版，第31页。

句也可以用实质条件句（蒯因把用实质蕴涵解释的条件句称为实质条件句）进行解释，例如对于"如果任何事物是脊椎动物，那么它有心脏"这个条件句，蒯因就认为：

"它有心脏"这样的言语形式本身不是具有真假值的陈述句，只有在存在脊椎动物的前提下才能讨论它的真假问题。[①]

因此，上述"如果任何事物是脊椎动物，那么它有心脏"这个陈述条件语句更确切表述为：

无论 x 是什么，如果 x 是脊椎动物，那么 x 有心脏。[②]

值得注意的是，蒯因还讨论了反事实条件句和双条件句，对于反事实条件句，蒯因认为："这种用法不能解释为具有'p→q'……我们最好把反事实条件句与以直述语气表达的普通条件句分开"。[③] 因为"无论对反事实条件句所作的分析如何恰当，我们事先总可以确定它不可能是真值函项的。……任何对反事实条件句的适当分析都必须超越单纯的真值，而去考虑条件句的前件和后件所说的事情之间的因果关系，或与此类似的关系"[④]。

蒯因把惯用语"p 当且仅当 q"称为双条件句，他认为："很明显，它等于两个条件句，即'如果 p 那么 q'和'如果 q 那么 p'的合取"，有意思的是蒯因还认为符号"↔"是多余的。[⑤]

对于实质条件句引发的争议，蒯因有自己的见解，他认为出现争论的原因在于"没有明确区分条件句和蕴涵，这一问题一直很模糊"[⑥]。因此，蒯因对蕴涵进行了单独的讨论，关于什么是蕴涵，他认为：

一般的，就两个真值函项模式而言，如果对字母的解释不能使第

---

① 〔美〕蒯因著：《蒯因著作集》（第2卷），涂纪亮、陈波译，北京：中国人民大学出版社 2007 年版，第 31 页。
② 同上。
③ 同上书，第 32 页。
④ 同上。
⑤ 同上书，第 34 页。
⑥ 同上。

一个模式为真且第二个为假,我们就说第一个模式蕴涵第二个。①

对于如何判断真值函项模式 S_1 是否蕴涵了一个模式 S_2,蒯因提出来一个判断方法:

> 作一个条件句 S_1 为它的前件,S_2 为它的后件,然后检验条件句的有效性。因为,根据我们的定义,是 S_1 蕴涵 S_2 所当且仅当没有解释使得 S_1 真且 S_2 假,所以当且仅当没有加上使得由 S_1 作前件、S_2 作后件的实质条件句为假。②

蒯因认为蕴涵与"如果,那么"是有区别的,这两者不是同一的,而是近似的,这与怀特海和罗素的观点并不一致,蒯因为了说明这一点,他举出了一个例子:

> 为了清楚理解"→"或"如果那么"同蕴涵的区别,有必要了解使用和提及之间的差别。当我们说"剑桥与波士顿毗连"时,我们提及剑桥和波士顿,但是使用的是名称"剑桥"和"波士顿";我们写动词"毗连"不是在剑桥和波士顿之间,而是在它们的名称之间。这里我们提及的对象是城市,使用和提及不可能混淆。如果提及的对象就是表达式本身,这一区别就存在。③

关于"提及"和"使用"的问题,蒯因的一篇文章曾用如下段落开始:

> 当马库斯教授把我的观点表达为:现代模态逻辑是被错误的构想出来的,其错误在于混淆了使用和提及,她是作出了正确的评论。但她没有正确的表述我的另一个观点:模态逻辑要求混淆使用与提及 (mention)。我的观点是一种历史观点,与罗素混淆的"如果——那么"和"蕴涵"相关。
>
> 刘易斯创立了现代模态逻辑,但是,正是罗素诱导他作出了这件

---

① 〔美〕蒯因著:《蒯因著作集》(第2卷),涂纪亮、陈波译,北京:中国人民大学出版社2007年版,第52页。
② 同上书,第53页。
③ 同上书,第56页。

事。因为，尽管对于实质条件句作为某种形式的"如果——那么"有许多要说明的，但是对于实质条件句作为某种形式的"蕴涵"却没有什么可说的；罗素把它称为蕴涵，因而显然没有为语句间真正的演绎留下地盘。刘易斯提议保留这种练习。但他的方式不是人们一直希望的那样去清理罗素对"蕴涵"和"如果——那么"的混淆：他提出了一种严格条件句，并称之为蕴涵。①

这个主题出现在蒯因的著作中，并且一直贯穿了他的整个哲学生涯。关于"使用"和"提及"的区别，可以从蒯因1940年出版的《数理逻辑》中的例子进行解释：

波士顿人口稠密，
波士顿是双音节的，
"波士顿"是双音节的。②

第一句是一个关于城市的真实语句，第三句是一个关于语词的真实语句。在某些语境中，我们可以把第二句理解为第三句话的一个不准确的变形。严格地说，第二句话是假的，因为没有城市是双音节的。

蒯因认为："蕴涵和条件句的关系十分密切。蕴涵成立当且仅当条件句是有效的。它们之间的重要联系导致了一些混乱，有些逻辑学书的作者把条件符'→'本身读作'蕴涵'。这样，由于当'p'解释为假或'q'解释为真时，'p→q'为真，因而我们可以得出有点悖论意味的结论：每一个假陈述句蕴涵每一个陈述句并且每一个真陈述句被每一个陈述句所蕴涵。他们没有看出'→'至多近似于'如果—那么'，而不是近似于'蕴涵'。"③

蒯因认为蕴涵是两个语句之间或两个语句形式之间的一种关系：

那么这不仅是错误的而且是不合语法的毫无意义的。

---

① 〔美〕蒯因著：《蒯因著作集》（第5卷），涂纪亮、陈波译，北京：中国人民大学出版社2007年版，第171页。
② 〔美〕蒯因著：《蒯因著作集》（第1卷），涂纪亮、陈波译，北京：中国人民大学出版社2007年版，第95—96页。
③ 〔美〕蒯因著：《蒯因著作集》（第2卷），涂纪亮、陈波译，北京：中国人民大学出版社2007年版，第56页。

现在当我们说一个陈述句或模式蕴涵另一个时，同样的，我们不是把"蕴涵"写在所说的陈述句或者模式之间，而是在它们的名称之间。这样，我们就是提及或陈述句，我们谈论它们的名称。这些名称通常加引号来构成。在这一方面，基于同样的理由，有效性和一致性与蕴涵的用法相同；当我们说一个模式或陈述句是有效的或一致的时，我们不是把"有效的"或"一致的"加在模式或陈述句上，而是加在它们的名称之上。

另一方面，当我们用"如果—那么"，或""把两个陈述句或模式构成一个复合陈述句或模式时，我们用的是陈述句或模式本身而不是它们的名称。这里我们不是提及陈述句或模式，它们只是作为更长的陈述句或模式的一部分而出现。条件句：

如果凯司不挨饿，那么他既不瘦小也不挨饿

提及凯司，并且说了些有关他的不足道的事情，但是这个条件句根本没有提及陈述句。这一情形同样适用于合取、析取和否定。

我们已经对"如果那么"做了真值函项的处理。实际上，在我们讨论的有关逻辑分析的问题中，没有探讨有关复合句的非真值函项的方式。但是事实是，蕴涵，作为陈述句之间的一种关系，归因于密切的结构联系：除了陈述句之间单纯的真值关系，蕴涵还包含更多的东西。在陈述句或模式完全是被复合的范围内，这一事实与严格遵循复合陈述句和模式的真值构造方式绝不相同。就现在的对比而论，动词"蕴涵"、"比长"、"比清楚"和"与共韵"都一样：它们不是连接陈述句形成陈述句，而是连接陈述句的名称形成关于陈述句的陈述句。①

综上所述，蒯因对条件句逻辑的发展做出了突出的贡献，一方面，蒯因讨论了反事实条件句和双条件句，另一方面，蒯因对蕴涵进行了单独的讨论，关于什么是蕴涵，他认为蕴涵与"如果，那么"是有区别的，这两者不是同一的，而是近似的，这与怀特海和罗素的观点并不一致。我们认为，罗素对于奎因的批判有点不公平，把"⊃"视为"蕴涵"是毫无道理

---

① 〔美〕蒯因著：《蒯因著作集》（第2卷），涂纪亮、陈波译，北京：中国人民大学出版社2007年版，第47—48页。

的观点是一种夸张的说法；就像罗素所说的，蕴涵这种观点具有一定的合理性，我们所要求的蕴涵的本质属性是："真命题所蕴涵的内容是真的"，这取决于蕴涵产生证明的性质。

第二节 扩充的实质条件句逻辑思想

正是由于实质蕴涵怪论的出现，使得这种传统研究进路的推理模式与自然语言条件句不是完全相符合的解释受到学界的批判，不少逻辑学家认为，把条件句作实质蕴涵的解释与直陈式的自然语言条件句"如果 A，那么 B"的本义不恰当相符，为了能更好地刻画直陈式的自然语言条件句，他们尝试对实质条件句进路进行重新诠释。对于这种直陈式的自然语言条件句的可断定条件和对应的实质条件句两者之间不匹配而产生怪论的问题，学界已经对传统的实质条件句进路作出了各种各样的回应。

扩充的实质条件句进路就是在这种背景下产生的。这条研究进路认为传统的实质条件句进路是合理的，也就是实质条件句与自然语言条件句有相同的真值条件，只不过需要对这个理论进行扩充，他们用含意的思想对传统的实质条件句思想进路了补充。我们知道，含意（implicature）是一种语用关系，它与逻辑衍推的语义关系截然不同，但是这两者经常被混淆。事实上，一个语句所含意的内容往往超出了这个语句所衍推的内容。当一个语句传递、建议、发信号或者暗示没有完全断定的某种事实时，含意这种现象就会产生。支持扩充的实质条件句进路观点的学者认为，用含意理论可以消解困扰传统实质条件句进路的实质蕴涵怪论问题，这种观点的支持者主要有格赖斯和杰克逊（Frank Jackson）。

一 格赖斯的实质条件句逻辑思想

格赖斯（1913—1988 年）美国语言哲学家，以其在语言哲学方面的研究著称，尤其是对说话者意义的分析、会话暗示的概念和基于目的语义学的研究比较突出。格赖斯将意义分为自然意义和非自然意义，自然意义即表达自然联系的意义；非自然意义即与说话者意向相联系，具有规约性联系的意义。格赖斯提出了著名的语用学原则——"合作原则"，曾就交流实践问题作过颇有影响的解释，主要分析了说话人的意向，提出了"会话含意"的概念。格赖斯认为说话人的目的是诱使听话人接受（相信）他的观点，使听话人认识到说话人想要做什么。但对听话人在交流过程中的作用论述不充分。主要著作有《意义》(1957)、《逻辑与对话》(1967、1975)、《预设和会话隐涵》(1981)等。

如果把自然语言条件句当作实质蕴涵的解释，会出现"实质蕴涵怪论"，其中，引发最实质蕴涵怪论的思想主要有两个，一是假命题蕴涵任意命题，二是真命题为任意命题所蕴涵。由于这两种思想引发的实质蕴涵怪论并不符合人们的日常思维和习惯，因此，引起了业界的巨大争议。

对于实质蕴涵怪论引发的上述问题，格赖斯却认为："如果把自然语言条件句作实质条件句的解释，那么，尽管这个条件句是真的，但却不可断定。"① 因此，这就涉及条件句的可断定性条件。学界普遍认同的观点是自然语言条件句的可断定性条件与对应的实质条件句的真值条件并不一致。对于自然语言条件句的可断定性情况和对应的实质条件句两者之间不匹配而产生怪论的问题，学界已经对此作出了各种各样的回应。其中，格赖斯认为自然语言条件句在意义和真值条件上等价于实质条件句，他认为这种实质蕴涵理论是合理的，只不过需要补充一个按照语用的考虑区分真值条件和可断定性条件的解释，格赖斯把条件句的这种不可断定性归因于会话含意。按照格赖斯的这种想法，尽管实质蕴涵怪论确实是不令人满意的，但却是真的。

格赖斯认为与现实生活不相符的实质蕴涵怪论，我们可以进行合理地解释，他认为即使条件句的前件 A 与后件 C 之间不存在联系时，条件句 A→C 也是真的。他认为实质蕴涵怪论确实是不令人满意的，但却是真的；他利用会话含意理论对实质蕴涵怪论进行了辩护，指出为什么实质蕴涵怪论使我们感觉是荒谬的，然而却是真的。

格赖斯认为，在所有的语言交际过程中，为了达到使参与交际的人都希望自己所说的话能够被别人理解和自己能够理解别人所说的话这种目的，讲话人和听话人就需要互相合作和相互配合，在这个过程中，交流双方要遵守一种原则，也就是格赖斯所说的"会话合作原则"：

  1 量的准则：(1) 需要多少信息你就提供多少信息（以满足当前交流目的）。(2) 不要提供比需要的信息更多的信息。
  2 质的准则：(1) 不说你确信为假的东西。(2) 不说你缺乏充分证据的东西。
  3 关系准则：使之相关。

---

① Grice, H. P. (1989), Studies in the Way of Words. Cambridge MA: Harvard University Press.

4 方式准则：(1) 要避免表达式含混不清。(2) 要避免模棱两可的话。(3) 要简洁（避免不必要的冗长）。(4) 要有条理。①

格赖斯认为，这些准则可以归入更大范围的原则——"帮助原则"。他认为含意的产生是因为当人们在断定某事时，如果我们按照上述的这些正常的文明交际准则来进行的话，我们不仅能从他完全断定的内容得出结论，而且也能从必然真的其他内容中得出结论。下面的两个例子说明格赖斯的会话含意理论是合理的：②

(1) 在现实生活中，如果小明对你说"明天太阳会从东方升起"，你会衍推出我相信明天太阳会从东方升起，值得注意的是，产生这种想法的原因很明显不是因为"明天太阳会从东方升起"衍推小明相信明天太阳会从东方升起，那么产生这种现象的原因究竟是什么呢？按照格赖斯的会话含意理论，我们可以对这种现象进行合理的解释。也就是说，当我说"明天太阳会从东方升起"时，听者有权假设小明正在执行会话含意理论中的"质的准则"，即不说你确信为假的东西。所以听者有理由推出小明相信明天太阳会从东方升起，很明显，得出这个结论的原因不是来自于小明断定的这个命题，而是来自于小明断定它的事实。

(2) 在日常生活的语言表述中，有一些语词可能会存在一些约定俗成的惯用表述，其所表述的意思也具有一定的定式，例如，假如有人说：他去了中国并且生活幸福。这句话实际上暗示了一个时间顺序：他先去了中国，后来才生活幸福。对于这种语言现象，学界一般认为是语句本身的意义所引发的，也就是说"他去了中国并且生活幸福"中的"并且"意指"于是"的含义。但是，也有些包含"并且"的语句并不表述时间上的意谓，例如"天下雨了并且他去了北京"，在这句话中，其联结词"并且"并没有传递时间上的顺序。所以，我们可以这样认为，联结词"并且"很难表述精确的含义，其含义是模糊的，我们知道，在哲学中，一个语词具有模糊的意义是有问题的。

按照格赖斯的会话含意理论，我们可以对这种现象进行合理的解释：这是因为我们假设说话人正在以一个有序的方式进行他的叙述，这通常包括要使他表述的内容顺序完全对应被报告的事件，这是一个良好会话行为

---

① Grice, H. P. (1975). "Logic and Conversation," in D. Davidson and G. Harman (eds), The Logic of Grammar. Encino: Dickenson, pp. 64 – 75.

② Bennett, J. (2003). A Philosophical Guide to Conditionals, Oxford University Press.

的普遍准则,所以,我们当然有权期望一个言说者遵守这种准则。因此,当言说者的叙述缺乏明确的时间顺序时,我们倾向于推出并且有权推出这个叙述顺序匹配叙述事件的顺序。因此,会话含意这种理论可以合理地解释"他去了中国并且生活幸福"以及相似问题的时间暗示问题。

很明显,格赖斯的会话含意理论对上述语句的解释是合理的,因此,格赖斯得出了一个重要的结论:直陈条件句也是真值函项性的,也就是可以把直陈条件句作实质条件句的解释。对于蕴涵怪论,格赖斯同样根据会话合作准则进行解释,根据真值函项性的观点,A→C 的真值条件确实等价于 ¬(A∧¬C) 或者 ¬A∨C,也就是说,我们只要确信 ¬A 或者确信 C,我们就可以断定 A→C,而这种逻辑思想正是产生实质蕴涵怪论的根源。格赖斯正是从这一根源出发,利用会话含意理论对怪论进行了辩护。

对于"真命题为任意命题所蕴涵"所引发的实质蕴涵怪论,格赖斯认为通过会话含意理论是可以解释的,例如:如果 1+1=3,那么雪是白的。按照日常思维,我们认为这个条件句的表述是悖谬的,与人们的直觉和常识并不相符。但是,依据格赖斯的会话含意理论,"真命题为任意命题所蕴涵"的所有条件句都是真的,因为按照会话含意理论中的方式准则(方式准则明确指出:要避免表达式含混不清;要避免模棱两可的话;要简洁以避免不必要的冗长;要有条理),"如果 1+1=3,那么雪是白的"这个条件句可以说成"雪是白的"。因此,这类条件句尽管所表述的内容违反人们的常识和直觉,但是这类条件句却是真的。

对于"假命题蕴涵任意命题"所引发的实质蕴涵怪论,格赖斯认为通过会话含意理论也可以进行合理的解释,例如:如果 1+1≠3,那么雪是黑的。按照日常思维,我们认为这个条件句的表述是悖谬的,与人们的直觉和常识并不相符。但是,依据格赖斯的会话含意理论,"假命题蕴涵任意命题"的所有条件句都是真的。因为上述条件句违反了方式原则中的简短和明白的标准,因而是不可断定的。因为按照合作准则,你只能说"1+1≠3",而不能说"如果 1+1≠3,那么雪是黑的",否则将是悖谬的,同样的解释可以应用到其他的实质条件句怪论的解释中。

综上所述,尽管格赖斯的会话含意理论是真的,并能对实质蕴涵怪论进行合理的解释,但是,当把这个理论应用到条件句中时,仍然存在一些不可解释的缺陷。斯特尔森(P·Strawson)、里德、杰克逊(Frank Jackson)等人对这个问题展开广泛的讨论。格赖斯的理论在本质上就是一种奥卡姆的剃刀上的变异:不要假设比你必须要假设的意义更多的意义或非真值函项性的意义。① 但是，在斯特尔森看来，格赖斯的语义奥卡姆主义是有问题的，利用这个原则来处理直陈条件句是不合适的，格赖斯的观点是过度的杀伤，所以必然是错误的，他认为条件句 A⊃C 意思是：A 和 C 之间存在一个联系，这个联系确保 A→C。② 里德也认为："条件句表达了前件与后件之间存在一种较为密切的联系。根据真值函项的观点，一个条件句为真只取决于它的前后件的真值。当我们一般性地看待条件句时，我们假设前后件所取得的真值是这种密切联系的结果。但是现在我们看到，根据真值函项的观点，可以不存在关联，即使取的真值凑巧可以推出该条件句的真。因此，真值函项的观点是否刻画了条件句的全部情况便有疑问。"③

二 杰克逊的实质条件句逻辑思想

杰克逊（Frank Jackson，1943—），澳大利亚著名的哲学家，澳大利亚国立大学哲学系的前主任，现为社会科学研究院教授，2007—2008 年作为普林斯顿大学的访问学者。他的研究主要集中在心灵哲学、认识论、形而上学和元伦理学。他的父亲艾伦卡梅伦·杰克逊（Allan Cameron Jackson），也是一位哲学家，并且还是维特根斯坦的学生。杰克逊在墨尔本大学学习数学和哲学，在拉特巴大学（La Trobe University）获得哲学博士学位。1967 年在阿得雷德（Adelaide）大学任教一年。在 1978 年他成为了莫纳什（Monash）大学哲学系主任。1986 年他成为澳大利亚国立大学（ANU）的哲学教授并作为哲学课程主任。2003 年杰克逊被澳大利亚国立大学任命为杰出教授。当前，他一年中大约有一半时间在普林斯顿大学工作，一半时间在澳大利亚国立大学工作。1995 年，杰克逊在牛津大学主讲约翰洛克讲座，而他父亲在 1957—1958 年也在牛津大学主讲约翰洛克讲座，这是第一对父子关系的人都主讲过约翰洛克讲座，也成为一段佳话。

和格赖斯一样，杰克逊也坚持认为实质条件句进路是没有问题的，他认为日常的自然语言条件句与实质条件句具有同样的真值条件，即条件句的真值条件就是实质条件句的真值条件，人们说条件句"如果 P，那么 Q"是完全可断定的和说 P 实质蕴涵 Q 是完全可断定的是一致的。和格赖斯不

---

① Bennett, J. (2003). A Philosophical Guide to Conditionals, Oxford University Press.
② Strawson, P. F. (1986). "'If' and '⊃,'" in R. E. Grandy and R. Warner, Philosophical Grounds of Rationality. Oxford: Clarendon Press, pp. 229–242.
③ 斯蒂芬·里德：《对逻辑的思考》，李小五译，辽宁：辽宁教育出版社 1998 年版。

一样的是杰克逊用规约含意①来对实质条件句进路进行辩护。伊丁顿（Dorothy Edgington）认为："他（指杰克逊——引者）认为存在一种支配直陈条件句可断定性的特殊规约。仅仅相信满足它的真值条件是不适当的，这种信念相对于前件应该是鲁棒的（robust），也就是当你发现一个条件句的前件为真时，你一定不会放弃这个信念。"②

伊丁顿所提到的鲁棒性这个词语可以表示"Ramsey 测验"（关于 Ramsey 测验的具体介绍参见本书第四章的 4.4.1 部分）中所提到的一种思想：对我而言，说 C 相对于 A 是完全（真正的）鲁棒的，就是说在假设 A 为真的基础上，我给与 C 一个完全（真正的）高的概率。这句话表明"Ramsey 测验"所说 A⊃C 对我是可接受的或可断定的，在某种程度上，所表示的意思就是对我而言 C 相对于 A 是鲁棒的③。

通过数学中的条件概率概念，杰克逊精确地定义了鲁棒性：条件概率能反映出新信息的影响，那么仅当 P（A）和 P（A/B）是封闭的并且它们的值都是高的时，"A 相对于 B 就是鲁棒的"是真的。反之，如果 P（A）的值高至确保其为真，"A 相对于 B 是鲁棒的"就意味着 P（A/B）是高的。

按照杰克逊的观点，直陈条件句也具有规约含意的能力：除了它们的真值条件外，条件句也能传递一个规约含意，以达到从整体上看这个断定相对于前件是鲁棒的目的。也就是说，当言说者说 A⊃C 时，实际上她也发出了自己的置信信号：如果这个条件句的前件是真的，那么她所说的内容在整体上也是成立的。杰克逊把规约含意这种思想引入到了实质蕴涵中，以解决把条件句作实质蕴涵的解释与直陈式的自然语言条件句"如果 A，那么 B"的本义不恰当相符的问题，也就是说，直陈条件句除了表示真值条件句外，还能传递规约含意，以达到从整体上看，断定的结果相对

---

① 所谓规约含意是指这样一种现象：在语言学和哲学方面，人们通常要假设一些语词除了要对包含它的语句的言语所表述的内容有所贡献外，还会起到其他的作用。这样的语词包括："但是"、"仍然"和"甚至"等等。这种完全取决于语词的规约意义的语言现象，我们通常称为规约含意。规约含意产生的原因主要来自按照语词和句法构造的规约用法。
② Edgington, D. (1995). "On Conditionals," Mind, 104, 246.
③ 什么是鲁棒性呢？我们从下面的一个例子中，就能说明这个概念。当我们得到新信息时，这个新信息会要求我们修正我们的信念。可能会产生这样的一种情况，这个新信息对一个确定信念的影响，完全不同于这个新信息对另一个信念的影响。例如：新信息 F 减少了一个信念 S_1 的主观概率，实质上它却没有减少另一个信念 S_2 的主观概率。按照杰克逊的观点，S_2 相对于 F 是鲁棒的，而 S_1 相对于 F 就不是鲁棒的。也可以这样来理解，如果当你得到新信息 F 时，你也不会放弃你对 S 信念，那么你对 S 信念关于 F 是鲁棒的。

于这个条件句的前件是鲁棒的功能。因此，在杰克逊的条件句理论中，鲁棒性是一个核心的组成部分，因而，杰克逊的理论也可被视为是一个条件句与实质蕴涵有相同的真值条件的补充理论，也就是说，尽管直陈条件句和实质蕴涵有着相同的真值条件，但借助于直陈条件句所具有的规约功能，即在使用直陈条件句中，你明确地发出了直陈条件句相对于前件的鲁棒性信号，因此，杰克逊认为直陈条件句能传递比实质蕴涵更多的含义，这样就可以合理地解决实质蕴涵怪论的问题了。他认为直陈条件句有真值条件，其真值条件对应于实质条件句（A⊃C）的真值条件，但杰克逊同时坚持，"直陈式的如果"的语义真值没有被直陈条件句、实质条件句所详尽地展现出来，"直陈式的如果"的意义比实质条件句研究方式所说的意义要多得多。[1] 按照杰克逊的观点，存在着比实质条件句更多的"直陈式的如果"的意义，直陈条件句和实质条件句不是同义的。杰克逊认为，当有人说"如果 A，那么 B"时，她仅仅在假设在 A 的基础上断定了 C，所以，如果 C 是真的，那么她说的确实是真的，但是她也传递给她的听众一些没有断定而只意含的更深层的东西，如建议、发信号或暗示等。[2] 对于在实质蕴涵中有效的推理模式"¬A；因而，A⊃C"和"C；因而，A⊃C"，人们是反对的，因为它们会产生反直觉的"蕴涵怪论"。杰克逊的回答是：怪论的出现是因为我们自始至终搞混了真和可断定性，即自始至终坚持确定的条件句不是真的，因为它们不是可断定的。杰克逊认为"¬A；因而，A⊃C"是有效的，即保真的，但不保有可断定性（assertibility-preserving）。我们仅仅由¬A，就能推出 A⊃C 的真，但是我们不能仅仅依据¬A 是真的，就断定 A⊃C，这是因为我们断定的条件句相对于 A 不是鲁棒的。[3]

有趣的是，杰克逊通过把直陈条件句的可断定性与鲁棒性概念联系在一起的思想，还能解释亚当斯（Ernest W. Adams）在 1975 年所提出的"亚当斯论题"：直陈条件句的可断定性是已知前件后的后件的条件概率。[4] 按照杰克逊的观点，仅当直陈式的条件句相对于前件是鲁棒的时，断定它才是适当的。只有直陈条件句的前件与后件的条件概率是高的时，直陈条

---

[1] Jackson, F. (1987). Conditionals. Oxford: Basil Blackwell, p. 28.
[2] Ibid., pp. 28–29.
[3] Ibid.
[4] Adams, E. W. (1975). The Logic of Conditionals: An Application of Probability to Deductive Logic. Dordrecht: D. Reidel, p. 5.

件句才是可断定的。①

伍兹（Michael Woods）认为杰克逊的思想具有两个优点：

> 首先，（它）在说明可断定性条件与真值条件之间的差异上是很成功的。格赖斯的原则对于条件句的真的概率为高之时是有用的，但这主要是因为前件可能为假的原因。这种情况是典型的：条件句的概率是高的，但是条件概率是低的，或者如果把可断定性与条件概率联系在一起，那么它无论如何没有高到能使条件句可断定的程度。还有一种情况是：条件句的前件为假，并且后件与它完全没有任何的联系。在这种情况中，人们知道前件是假的，但是，如果后件与它没有联系，一般来说，如果我们能证实前件为真，那么就没有任何理由对条件句的真指派一个高概率。因而，这种条件句与它的前件就不是鲁棒的。

> 第二，然而，我们知道有些条件句是可断定的，即使实质条件句的概率不可能比它的前件为假的概率高，它也不与被预测的格赖斯的原则的强度相反。这种情况是：条件句的概率是高的，也就是与"已知前件后，否定后件的概率"相比较，在已知前件的真的情况下，后件的概率是高的。②

对于伍兹的这种观点，我们认为是有道理的，我们认为规约含意在解决"实质蕴涵怪论"的问题中，确实是具有一定的合理性，但是，我们也认为这种理论不是完美的，其存在一定的局限性。按照杰克逊所提出的规约含意的观点，当我们在断定一个"如果 A，那么 B"的简单条件句时，就存在如下的规约含意：在已知 A 后，B 的概率是高的。借助于杰克逊提出的鲁棒性概念，我们可以把上述描述表述为"B 相对于 A 是鲁棒的"。从实际效果来看，杰克逊把规约含意、鲁棒性与条件句三者相结合后，确实能对实质蕴涵怪论作出合理的解释，但是，当把规约含意这个理论应用到条件句时，仍存在一些不可解释的缺陷。伍兹、里德、本内特等人对这个问题进行了讨论。伍兹认为接受条件句有真值条件的一个理由是："在条件句出现的真值函项连接词的范围内，我们能对一个复合语句给出解释。任何把真值赋值视为条件句的理论都能解释复合条件句'如果 A，那

---

① Jackson, F. (1987). Conditionals. Oxford: Basil Blackwell, p. 31.
② Woods, M. (1997). D. Wiggins (ed). Conditionals. Oxford: Clarendon Press, pp. 38–39.

么若 C, 则 R'或者'若 A 如果 C, 则 R'语句的意义。……然而, 当我们考虑上面提到的复合条件句时, 条件句有实质条件句相同的真值条件的观点遇到了难题: 明白可断定性条件怎样产生是困难的, 而这种可断定性条件我们是可以找到的。"① 里德也强调: "成问题的条件句 (这种条件句尽管有假前件或真后件, 但仍显得是假的) 出现在嵌入的语境中……尽管论证是根据条件句的真值函项性质进行的, 但是条件句不是真值函项性的。尽管辩护者可以维护并且试图为上述例子辩护, 但是似乎显然的是: 存在具有假前件或真后件的假条件句。"②

综上所述, 我们不难发现, 杰克逊对实质条件句进路的辩护是有局限性的。尽管杰克逊指出: "现在我们已经回答了为什么规约含意在自然语言中存在——使信息的传递更加流畅, 并且为什么它只影响了意义而没有影响内容……但是为什么在我们理论中我们需要求助于规约含意? 而不是会话含意?"③ 但是, 对于这一问题, 杰克逊显然采取了回避的态度, 他对于这种情况并没有作进一步的阐释, 很明显, 杰克逊是把规约含意在条件句的应用放在了首位, 而把规约含意会出现在条件句中放在了次要位置。另外, 我们知道, 格赖斯的会话含意理论在阐释条件句时, 首先要接受逆否原则, 即必须把 ¬C⊃¬A 看作不低于 A⊃C 的断定。也就是说, 格赖斯的进路不仅认可 MP 分离规则, 而且也认可选言推理。这也是人们质疑格赖斯观点的一个原因。在这里, 这个问题取代了杰克逊必须要回答的问题: 我们求助于规约含意的原因得到阐释了吗? 因此, 我们认为利用规约含意对实质蕴涵怪论的消解都是不成功的。但是, 我们认为实质条件句进路仍属于现代经典逻辑发展的主流, 因为这条进路坚持了现代经典逻辑的有效性概念, 保留了逻辑学研究的核心——真的价值取向。从某种角度说, 我们也可以避免怪论出现的导源, 解决这个问题的一种方式是扩大真值函项联结词, 也就是具有真值表的联结词不但要处理真和假, 还要处理附加的状态。另外, 如果我们走出逻辑史, 从一个更广阔的历史背景中考察实质条件句进路出现的历史, 我们可以发现, 虽然实质蕴涵在恰当反映现实生活层面确实存在许多问题, 但是这条进路在历史上的出现有着重要的、积极的意义, 并且这种积极的意义在当代并没有完全丧失殆尽, 所以, 不应该全盘否定实质蕴涵进路。

---

① Woods, M. (1997). D. Wiggins (ed). Conditionals. Oxford: Clarendon Press, p. 39.
② 斯蒂芬·里德:《对逻辑的思考》, 李小五译, 辽宁: 辽宁教育出版社 1998 年版, 第 90 页。
③ Jackson, F. (1987). Conditionals. Oxford: Basil Blackwell, p. 96.

三 扩充实质条件句逻辑思想的新发展

由于直陈条件句等价论题存在着一些自己本身不能克服的理论瓶颈，这就促使逻辑学家尝试从别的研究视角来看待直陈条件句，再加上模态逻辑和概率逻辑的发展业已成熟，并且得到了业内学者的承认，借助这些研究成果对直陈条件句进行解读就变成了一种可能。因此，在以上进路的基础上，有些逻辑学家尝试了不同的直陈条件句进路。

（1）2001 年，William Lycan 提出一种新颖的条件句说明，他目的在于给出一个直陈和虚拟的结合体的处理，允许这两种条件句都有真值。根据他的分析，A→C 的真取决于是否 C 在一个确定事件状态类中获得，这个事件是在 A 获得的，这个类部分被它们的事件状态定义，在这个事件中，言说者把他看作在一个确定意义中的真实可能性。[1]

（2）Arló-Costa 在 2001 年曾提出过一个观点：条件句中"事实问题"假定类型由假设修正概念所模型化。主要思想是主体面对具有核心系统假定的程序。最外核的世界把主体认为的信息译成编码以被公共分享。当这个假设的项（item）与预想的经过构成最外核的世界的编码相容时，这个核心的系统允许修正期望的最内核编码。然而，不存在"事实问题"命题假定与最外核不相容。这个模型意图捕获这个思想：直陈条件句的假定是在一个特殊约束集下的假定，这个约束在一个相应人群中由主体的主体间的分享协议的意见给出。[2]

（3）P. Strawson（1986）和 H. P. Grice 的观点完全不同，他认为直陈条件句 A→C 意思是：A 和 C 之间存在一个联系，这个联系确保 A⊃C。而 H. P. Grice 则认为这两者之间没有联系。由于 P. Strawson 认为 A 和 C 之间存在一个联系，这使得→比 H. P. Grice 给予它的有一个更强的意义。[3] 但是，Michael Woods 认为：

> 从表面上看，"如果华盛顿是美国的首都，那么开罗在埃及"这个条件句确实是很怪异的。因为它的前、后件所表述的内容之间不存在任何联系。这种相干联系的概念需要解释、阐明；但是，有些前、

---

[1] Lycan, W. G. (2001) *Real Conditionals*, Oxford: Oxford University Press.
[2] Arló-Costa, H. (2001) "Bayesian Epistemology and Epistemic Conditionals: On the Status of the Export-Import Laws", *Journal of Philosophy*, Vol. XCVIII/11: pp. 555–598.
[3] Strawson, P. F. (1986). "'If' and '⊃'," in R. E. Grandy and R. Warner, *Philosophical Grounds of Rationality*. Oxford: Clarendon Press, pp. 229–42.

后件不存在联系的条件句是可以断定的。假设有人问我，如果约翰不参加晚会，晚会是否会成功。我知道晚会的成功与否与约翰无关。在这种情况下，尽管我认为这个晚会的成功与约翰无关，因而不希望断言前、后件间存在任何联系，所以我对这个问题回答一定是"是的"。一般情况下，当有人相信 Q，不管他是否会相信 P（因而相信 P 和 Q 间不存在联系）时，他一定会接受"如果 P 那么 Q"，即使这会对断定这个条件句产生误导。①

人们已经提出了各种说明以解释这种联系的概念。例如，按照 Mackie 提出的结果主义（consequentialist）理论，这种断言是：在说"如果 P, 那么 Q"时，我们是在说 Q 为 P 的后承，或者"P 会确保 Q"。这需要 P 和 Q 间有一种联系，以使得 P 真是 Q 真的理由，或者 Q 是从 P 中推出的。

（4）Michael Woods 指出："这种联系不需要存在更多的知识，因此，至少对一个特殊的人来说，在已知他的知识状态后，假设'如果，那么'的结构暗示 P 和 Q 之间存在连接是可能的。一个人的知识也许使得他不知道 P 的真值或 Q 的真值，但他依然知道排除一个 P 为真、Q 为假的合取。在这种情况下，他获悉 P 后，他能够推论 Q。我们就说，对这种人而言，P 和 Q 是知识的连接；但是，这种连接与一种特殊的知识状态相关，对 P 并且 Q 的论题来说不是本质的。"②

因而，对一个处于这种情况的人而言，P 并且 Q 在一个基础后承关系（ground-consequent relation）中成立是真的：在这种情况中，P 真是 Q 真的基础。例如：如果门警说的是真的，那么没有人在夜间离开这栋房屋。门警的诚实和门警外出离开房屋之间是存在因果联系的，因为这个条件句是由一个门警所说的语句得到的。

总的来说，对于扩充的实质条件句进路而言，因为直陈条件句等价论题并没有提供一个前件 A 和后件 C 之间的连接，以至于出现 A→C 可以衍推 A⊃C，但是 A⊃C 却不能衍推 A→C 的缺陷，所以，出现条件句前件、后件存在联系的想法是很自然的。但是，Jonathan Bennett 却指出："尽管假设缺少的部分是 A 和 C 相联系的思想似乎是合理的，但是在发展这个思想并走向完善的道路上存在着障碍。一方面，有些文雅（respectable）直陈条件句并不包含这种连接。以下的例子不仅是一个笑话：'如果他偿还

---

① Woods, M. (1997). D. Wiggins (ed). Conditionals. Oxford: Clarendon Press, pp. 15–16.
② Ibid., pp. 16–17.

这笔债务,我就是一只猴子的叔叔',但是对于严肃(sober)条件句'(即使)如果他道歉,我会(仍然会)肚子饿'来说,它是建立在他道歉与我肚子饿两者缺乏联系的基础之上的。不足为奇,没有人会致力于尝试把这种联系的思想转变为一个直陈条件句的语义分析。"①

第三节 变异的实质条件句逻辑思想

从上面的分析,我们可以看出,有些实质条件句的推理模式与自然语言条件句不是完全符合的,因此不少逻辑学家认为,把条件句作实质蕴涵的解释与直陈式的自然语言条件句"如果 A,那么 B"的本义不恰当相符,正是由于这种现象的出现,使得这种传统研究进路的推理模式与自然语言条件句不是完全相符合的解释受到学界的批判,为了能更好地刻画直陈式的自然语言条件句,他们尝试对传统进路——实质条件句理论进行改造,与传统实质条件句进路与扩充的实质条件句进路不同,变异的实质条件句进路修改了传统实质条件句进路的一个或者几个预设,以实现消解实质蕴涵怪论的问题,这些思想主要包括严格蕴涵、相干蕴涵和衍推等思想,代表人物有 C. I. 刘易斯、安德森(Anderson)、贝尔纳普(Belnap)等人。

一 C. I. 刘易斯的严格蕴涵思想

C. I. 刘易斯(Clarence Irving Lewis)1883 年 4 月 12 日出生于马萨诸塞州的斯托纳姆,1964 年 2 月 2 日在加利福尼亚州逝世。1902—1906 年就读于哈佛大学,在此期间受到实用主义者威廉·詹姆斯和理想主义者约西亚·罗伊斯(Josiah Royce)的影响。1911—1920 年在加州大学伯克利分校任教期间,其研究兴趣转向逻辑并写了一系列的关于符号逻辑的论文,其中《符号逻辑概述》一书对严格蕴涵进行了详细的阐述。1920 年,C. I. 刘易斯回到哈佛大学任教,直到 1953 年退休,在这段时期,刘易斯的研究兴趣转回认识论。从哈佛退休后,刘易斯在普林斯顿大学、哥伦比亚大学、南加州大学等任教或者演讲,但主要还是在斯坦福大学。C. I. 刘易斯也许是活跃于 20 世纪 30 年代和 40 年代美国最重要的哲学家,他对认识论、逻辑学以及理学作出了重大贡献,也是促使分析哲学在美国兴起的

---

① Bennett, J. (2003). A Philosophical Guide to Conditionals, Oxford University Press, p. 43.

关键人物，他的著作以及他的个人影响力直接或者间接地对哈佛大学的研究生产生了很深的影响，这其中也包括 20 世纪后半叶一些著名的分析哲学家，如蒯因（W. V. Quine）、古德曼（Nelson Goodman）、齐硕姆（Roderick Chisholm）、约翰·罗尔斯（Roderick Firth）和塞拉斯（Wilfrid Sellars）。

C. I. 刘易斯对弗雷格、罗素所提出的基于数学原理的外延真值函数逻辑以及把蕴涵理解为实质蕴涵的研究思路并不满意，他认为这种对蕴涵的理解与我们对蕴涵的直觉理解相差太远，相比较而言，实质蕴涵太弱，这种思想应当加强。正如我们上面所表述的，按照实质蕴涵思想，一个形如"如果 p, 那么 q"的条件句的真值由 p 和 q 的真假决定，$p \supset q$ 等价于 $\sim(p \wedge \sim q)$，并且只有在 p 真 q 假的情况下，$p \supset q$ 才是假的，在其他情况下都是真的。也就是 $p \supset (q \supset p)$ 和 $\sim p \supset (p \supset q)$ 一定是真的，但是，这会产生实质蕴涵怪论。C. I. 刘易斯认为这些所谓的"实质蕴涵悖论"的出现意谓着我们并没有对实质蕴涵提供一个普通蕴涵概念的恰当认识，他认为一个命题蕴涵另一个命题仅仅是后件可以从前件中逻辑地得出，或者从前件可以演绎出后件。

为了准确表述这种思想，1912 年，C. I. 刘易斯在《蕴涵和逻辑代数》一文中定义了严格蕴涵的概念：

$p \prec q = df \sim \Diamond (p \& \sim q)$

这里，符号 $\prec$ 表示严格蕴涵；$\sim$ 表示"并非"；"$\Diamond$"表示可能性，这个定义所表述的意思是严格命题在蕴涵一词的严格意义上蕴涵另一个命题当且仅当不可能前件真而后件假。严格蕴涵是一种内涵概念，严格蕴涵的逻辑实际上是一种模态逻辑的形式。实际上，从表述上看，我们不难发现 C. I. 刘易斯所提出的严格蕴涵思想非常接近于麦加拉学派克吕西波（Chrysippus）所提出的一种条件句思想，也就是条件句"如果 A，那么 B"为真不仅仅需要"$p \& \sim q$"为假，而且还需要它是不可能的。

1918 年，在《符号逻辑概述》中，C. I. 刘易斯对严格蕴涵系统进行了改进，其目的是为了区别早期模态逻辑研究者怀特海和罗素所使用的公理陈述。在《符号逻辑》中，C. I. 刘易斯提出了 5 个不同的严格蕴涵系统，分别是 S1, S2, S3, S4 和 S5，他们每一个都比前面的系统要强。

严格蕴涵系统 S1 包括以下公理：

$(p \& q) \prec (q \& p)$

$(p \& q) \prec p$

$p \strictif (p \& p)$

$((p \& q) \& r) \strictif (p \& (q \& r))$

$((p \strictif q) \& (q \strictif r)) \strictif (p \strictif r)$

$(p \& (p \strictif q)) \strictif q$

S_2 在 S_1 的基础上添加了一致性预设（consistency postulate）：

$\Diamond (p \& q) \strictif \Diamond p$

S_3 在 S_1 的基础上添加了以下预设：

$(p \strictif q) \strictif (\sim \Diamond q \strictif \sim \Diamond p)$

S_4 在 S_1 的基础上添加了迭代公理：

$\sim \Diamond \sim p \strictif \sim \Diamond \sim \sim \Diamond \sim p$，即 $\Box p \strictif \Box \Box p$

S_5 在 S_1 的基础上添加了迭代公理：

$\Diamond p \strictif \sim \Diamond \sim \Diamond p$，即 $\Diamond p \strictif \Box \Diamond p$[1]

实际上，C. I. 刘易斯本人认为系统 S_2 为严格蕴涵的定义形式。如果我们用符号 s→s'（s 完全包含 s'）来表示每一个定理 S'都是 S 的一个定理，其中有些定理 S 不是 S'的定理，那么我们可以这样表征 C. I. 刘易斯各个系统之间的关系：

$S_5 \to S_4 \to S_3 \to S_2 \to S_1$

如果两者系统间不能相互完全包含，那么这两个系统就是彼此独立的，它们没有相同的定理。对于一些其他的系统，我只想提及两个。存在独立于 S_3 的系统 T，使得：

$S_4 \to T \to S_2$

也存在独立于 S_3 和 S_4 的系统 B，使得：

$S_5 \to B \to T$

T 和所有包含 T 的系统都有这条规则：如果公式 A 是一个定理，那么 $\Box A$（必然 A）是一个定理。下面的公式是这些系统的典型，因为每一个都是一个确定系统的定理或公理，但是并不是所列出的任意系统所完全包含的：

S_5：$\Diamond p \supset \Box \Diamond p$

S_4：$\Box p \supset \Box \Box p$

B：$p \supset \Box \Diamond p$

---

[1] 关于 s_1-s_5 详见 Lewis, C. I., and Langford, C. H., 1959. Symbolic Logic, New York: Dover Publications.

T: $\Box((p\prec q)\prec(\Box p\supset\Box q))$，即$\Box\Box((p\prec q)\prec(\Box p\supset\Box q))$

S_3: $(p\prec q)\prec\Diamond p$

S_2: $\Diamond(p\&q)\prec\Diamond p$

S_1: $(p\prec q)\supset(\Box p\supset\Box q)$

S_3不包含形如$\Box\Box A$的定理，因此也不包含公式T的性质。在T中，存在无数可以区别的模态性，但S_3却不具有这种性质。因此，一个公式是S_3的定理，但它却不是T的定理：

$\Diamond\Diamond\Diamond P\prec\Diamond\Diamond P$

但是，C. I. 刘易斯所提出的严格蕴涵系统也会产生怪论，学界通常称为严格蕴涵怪论，最主要的严格蕴涵怪论有四个：

(1) $\sim\Diamond p\prec(p\prec q)$，

(2) $(P\&\sim p)\prec q$，

(3) $\Box p\prec(q\prec p)$，

(4) $P\prec(q\vee\sim q)$。

上面的四个严格蕴涵怪论的推理方式，其所表述的意思如下：第一个的意思是不可能语句严格蕴涵任何语句；第二个的意思是矛盾严格蕴涵着任何语句，第三个的意思是必然语句由任何语句所蕴涵，第四个的意思是任何语句严格蕴涵重言式。

因此，从某种角度讲，C. I. 刘易斯所提出的严格蕴涵理论虽然可以避免实质蕴涵怪论的出现，但遗憾的是又产生了新的怪论。为了解释这种困境，C. I. 刘易斯认为在现实生活中，我们可以接受矛盾蕴涵任何事物的结论，因此，他提出了以下四个推理规则，以论证他的这种观点：

从A&B的合取中，我们可推出第一个合取肢A。

从A&B的合取中，我们可推出第二个合取肢B。

从A我们可推出析取$A\vee B$。

从析取$A\vee B$和一个析取肢的否定$\sim A$，我们可推出另一个析取肢B。[1]

综上所述，我们认为从本质上看，严格蕴涵实际上反映的是一个简单

---

[1] Lewis, C. I and Langford, C. H. (1959) Symbolic Logic, second edition, New York, Dover, p. 250.

条件句的前件与后件之间的必然性关系，前件严格蕴涵后件，其所断定的是这个条件句的后件已经逻辑地暗含于这个条件句的前件中，那么后件就是前件的逻辑后承，前件真而后件假在逻辑上就是不可能的，从另一个方面说，从一个条件句的前件推出后件是逻辑必然的，所以，一个严格蕴涵的条件句为真就总是为真，而与这个条件句的前件和后件的真假没有关系。但是，令人遗憾的是，这一思想虽然避免了实质蕴涵怪论，但是却又产生了严格蕴涵怪论了。

对于严格蕴涵怪论的问题，陈波认为：

> 严格蕴涵当初本来是作为与实质蕴涵相竞争的一种推理理论而提出的，但后来发现，以严格蕴涵为基础的逻辑系统包含经典命题逻辑，甚至是后者的直接扩充，于是全部实质蕴涵怪论都在其中。①

威廉·涅尔和玛莎·涅尔也认为：

> C. I. 刘易斯的蕴涵定义继承了麦考尔的成果，后者在 1906 年出版的《符号逻辑和它的应用》中含有模态逻辑的一些提示；C. I. 刘易斯和麦考尔一样承认，根据这个定义，一个不可能命题必定蕴涵每一个命题，一个必然命题必定被每一个命题所蕴涵。但是他们认为，这两个结论实际上不是怪论，并没有什么理由足以推翻他的下述观点：即他称之为严格蕴涵的关系是一种在演绎论证中证明从前提到结论的推理具有正当性的关系。他的严格蕴涵与推出关系（即得自关系的逆关系）是不一样的，因为它可以在那些以怪论所表现出来的纯形式命题之间成立。②

所以，我们认为严格蕴涵尽管出现了一些问题，但是，C. I. 刘易斯所提出的严格蕴涵思想为条件句逻辑的发展提供了新的研究思路，这为随后出现的新的条件句逻辑提供了很好的借鉴，同时也为模态逻辑的发展奠定了坚实的基础，当然，严格蕴涵怪论显示 C. I. 刘易斯的说明对于从蕴涵中区别衍推是不充分的。

---

① 陈波：《逻辑哲学》，北京：北京大学出版社 2005 年版，第 39 页。
② 〔英〕威廉·涅尔、〔英〕玛莎·涅尔：《逻辑学的发展》，张家龙、洪汉鼎译，北京：商务印书馆 1985 年版，第 686 页。

二 阿克尔曼的相干逻辑思想

阿克尔曼（Wilhelm Friedrich Ackermann）（1896—1962 年），出生在德国的赫舍尔市，1925 年被哥廷根大学授予博士学位，他的论文是一篇关于不完全皮亚诺归纳算法的一致性证明，他由于提出了阿克尔曼函数而成为德国著名的数学家，1929—1948 年，阿克尔曼在科隆的 Arnoldinum Gymnasium 任教，随后一直在 Lüdenscheid 任教，直到去世。他是哥廷根大学科学院成员，也是明斯特大学的名誉教授。1928 年，阿克尔曼帮助希尔伯特把其 1917—1922 年介绍数理逻辑的讲座结集出版——《数学逻辑原则》。随后，阿克尔曼构建一系列的数学理论，如集合论的一致性证明（1937）、完全算法（1940）、自由类逻辑（1952）和一个新的集合论公理化证明（1956），虽然阿克尔曼没有选择在大学教书而是选择当一名中学教师，但是这并不影响他从事的数学基础的研究。

相干逻辑思想是一种非经典逻辑的思想，这种思想的提出主要原因在于想消解本章第一节所提到的实质蕴涵怪论与本节提到的严格蕴涵怪论，这种思想的称呼也并不是统一的，例如，在英国和澳大利亚，人们就把这种逻辑思想称为"相关逻辑"（relevant logics）。相关逻辑学家认为实质蕴涵怪论与严格蕴涵怪论之所以存在是由于这些怪论的前件与后件在内容上是不相关的，也就是说这些产生怪论的条件句的前件和后件之间属于完全不同的论题。值得注意的是，论题所指的内涵并不是逻辑学家所感兴趣的"与语句或推论的内容有关、与形式无关"，而是相干逻辑学家把定理和推论应用于这一问题的形式原则——变项共享原则（variable sharing principle）。按照这种原则，如果 A 和 B 没有共有一个命题变项，那么我们不能证明形如 A→B 的公式为相干逻辑，同时，如果前提和结论之间不存在共享的命题变项，那么我们也不能说明这种推论为有效的。

从 1908 年的 Hugh MacColl 开始，许多哲学家、逻辑学家都对此做出了不懈的努力，1928 年奥尔洛夫（I. E. Orlov）就提出了严格相干逻辑系统，1956 年，阿克尔曼（W. Achermann）在他的论文《严格蕴涵的理由》中构造了较严格和较完整的相干逻辑系统，阿克尔曼提出了两个 Σ 系统，一个是经典的二值演算系统，另一个是等同于希尔伯特类型的系统 Π'：

第一个系统的公理：
(1') ⊢A→A
(2') A&B ⊢A

(3') $A\&B \vdash B$
(4') $A \vdash A \vee B$
(5') $B \vdash A \vee B$
(6') $A, B \vee C \vdash B \vee (A\&C)$ ①

规则：②

Ⅰ 左置换

$$\frac{A^*, B^* \vdash C}{B^*, A^* \vdash C}$$

Ⅱ 消去

(1) $$\frac{\vdash A \quad A \vdash B}{\vdash B}$$

(2) $$\frac{\vdash A \quad C^*, B^* \vdash B}{C \vdash B}$$

(3) $$\frac{\vdash A \quad \vdash B \quad A, B \vdash C}{\vdash C}$$

Ⅲ 衍推引入

(1) $$\frac{A \vdash B}{D \to A \vdash D \to B}$$

$$\frac{A^*, B^{(*)} \vdash C}{A^*, D \to B^* \vdash D \to C}$$

$$\frac{A^{(*)}, B^{(*)} \vdash C}{D \to A^{(*)}, D \to B^{(*)}, \vdash D \to C}$$

$$\frac{A \vdash B \vee C}{B \to D, C \to D \vdash A \to D}$$

---

① Wilhelm Ackermann. (1956). Begründung Einer Strengen Implikation, The Journal of Symbolic Logic, Vol. 21 (2): 117.
② 关于规则的表述问题，由于原文的表述过于复杂，本文中所用的是安德森、贝尔纳普与邓恩的关于这个规则的表述，具体参见 A. R. N. D. Belnap, Jr. and J. M. Dunn (1992) Entailment: The Logic of Relevance and Necessity, Princeton, Princeton University Press, Volume Ⅱ: 131–132 这一部分（Ackermann's strenge implikation）

Ⅳ 衍推消去

$$\frac{\vdash B \to C}{B \vdash C}$$

$$\frac{A \vdash B \to C}{A^*, B \vdash C}$$

Ⅴ 合取消去

$$\frac{A \& B \vdash C}{A, B \vdash C}$$

Ⅵ 否定

A 与 ¬¬A 在任何后承中都可以相互转换

$$\frac{A \vdash C}{\neg C \vdash \neg A}$$

$$\frac{A^*, C \vdash B}{A^*, \neg B \vdash \neg C}$$

$$\frac{A^*, C \vdash B}{\neg B, C \vdash \neg A}$$

系统 Π' 的公理：

(1) A→A

(2) (A→B) → ((B→C) → (A→C))

(3) (A→B) → ((C→A) → (C→B))

(4) (A→(A→B)) → (A→B)

(5) A&B→A

(6) A&B→B

(7) (A→B) & (A→C) → (A→B&C)

(8) A→A∨B

(9) B→A∨B

(10) (A→C) & (B→C) → (A∨B→C)

(11) A& (B∨C) →B (A&C)

(12) (A→B) → (¬B→¬A)

(13) A&B→¬(A→B)

(14) A→¬¬A

(15) $\neg\neg A \to A$ [1]

规则：

(α) 由 A 和 A→B 可推出 B

(β) 由 A 和 B 可推出 A&B

(γ) 由 A 和 ¬A∨B 可推出 B

(δ) 由 A→(B→C) 和 B 可推出 A→C [2]

综上所述，阿克尔曼在《严格蕴涵的理由》中提出的两个 Σ 系统：经典的二值演算系统和等同于希尔伯特类型的系统 Π'，为相干逻辑的发展奠定了坚实的基础，也可以把其称为相干逻辑的萌芽。

三 安德森和贝尔纳普的相干逻辑思想

安德森（Alan Ross Anderson）（1925—1973 年），美国逻辑学家，耶鲁大学和匹兹堡大学哲学系教授，经常和贝尔纳普（Nuel Belnap）进行合作。安德森一生致力于相干逻辑（Relevance logics）和道义逻辑的研究，对于相干逻辑，安德森认为一个有效的推理的结论应与前提有关联（即是相关的）。他用如下原则表述这种相关条件：A 衍推 B 当且仅当 A 和 B 至少共有一个非逻辑常项。对于道义逻辑，安德森主张形如"应该是（情形）A"的句子应逻辑地解释为：并非 A 衍推 V。这里 V 意指违反规范的事情。为此，他提出了包含特殊常项 V 的道义相干逻辑。对于真理模态逻辑而言，这个系统有时被称为"简"道义逻辑。实际上，真理模态逻辑一般不含任何像安德森所提出的特殊常项 V。安德森被称为逻辑的柏拉图主义者（实在论者或一元论者），他相信只有一个真正的逻辑并且相信它就是相干逻辑。

贝尔纳普（Nuel D. Belnap），出生于 1930，美国逻辑学家和哲学家，对逻辑哲学、时态逻辑和结构证明论都做出了重要的贡献。从 1961 年到 2011 年退休，他一直任教于匹兹堡大学，在此之前，他任教于耶鲁大学。他最著名的著作是与安德森合作的相干逻辑。另外，他还出版了一些有关逻辑问答的书籍，同时，他对两种截然不同的真理理论的基础做出过贡献，一是他与 Dorothy Grover、Joseph Camp 合作的代语句的真理理论（The

---

[1] Wilhelm Ackermann. (1956). Begründung Einer Strengen Implikation, The Journal of Symbolic Logic, Vol. 21 (2): 119.

[2] Ibid.

Prosentential Theory of Truth），二是和 Anil Gupta 合作的修正的真理理论（Revision Theory of Truth），贝尔纳普在 2008 年当选为美国艺术与科学院院士。

在 1956 年，阿克尔曼（W. Achermann）构造了严格较完整的相干逻辑系统后，1959 年，安德森和贝尔纳普合作建立了基于模态语义的相干逻辑系统 E，接着又构造了标准的相干逻辑系统 R。

安德森和贝尔纳普的相干逻辑系统 E 借助了衍推的概念。对于衍推，安德森和贝尔纳普指出：

> 我们可以说，如果存在 A 的（合取）原子与 B 的某些（析取）原子相同，那么一个初始衍推 A→B 就是确定重言的，我们认为这种衍推满足 A 衍推 B，B 必须包含在 A 中这种经典教条……
> 我们……称 $A_1 \vee \cdots \vee A_m \rightarrow B_1 \& \cdots \& B_n$ 的衍推在通常情况下确定重言（前面定义的拓展），当且仅当对每一个 A_i 和 B_j，$A_i \rightarrow B_j$ 都是确定重言的；并且我们把这种衍推视为有效的当且仅当其是确定重言的。[①]

对于这种观点而言，"A&¬A" 衍推 A，但是并不衍推 B，B 衍推 "B∨¬B"，但是不衍推 "A∨¬A"。自从摩尔（G. E. Moor）提出衍推的定义后，衍推已经成为一个哲学讨论的术语：

> 首先，我们需要某些表述相反关系的术语，这种关系是当我们断定 q 从 p 中推出或者演绎出时，我们断定特殊命题 q 和特殊命题 p 都成立。让我们使用术语"衍推"表示这种相反的关系。在芭芭拉从两个前提推出的三段论结论的意义中，当且仅当我们够真实地说"q 是从 p 推出的"或者"是从 q 演绎出的"时，我们可以真实地说"p 衍推 q"视为一个合取命题；或者命题"这是有色的"是从"这是红的"推出的。"p 衍推 q"与"q 从 p 中推出"有关，在相同的方式中，"A 比 B 大"与"B 比 A 小"有关。[②]

实际上，系统 E 和系统 R 之间的逻辑关系是：E 的衍推联结词被假定

[①] Anderson, A. R. and N. D. Belnap, Jr. (1975) Entailment: The Logic of Relevance and Necessity, Princeton: Princeton University Press, Volume I: 155 – 6.
[②] Moore, G. E. (1922) Philosophical Studies, London, Routledge&Kegan Paul, p. 291.

为一个严格的相干蕴涵。系统 E 是一个希尔伯特式的逻辑系统，这个系统包括命题变项、圆括号、否定、圆实点、合取、析取和蕴涵。安德森和贝尔纳普认为 E $\simeq$ **E**$\dot{}$ + E$_{fde}$，关于衍推的运算 E 的公理如下：

衍推：
E1　A → A → B → B
E2　A → B → . B → C → . A → C
E3　(A → . (A → B)) → . A → B

合取：
E4　(A & B) → A
E5　(A & B) → B
E6　(A → B) & (A → B) → . A → (B & C))

合取与必然的分配律：
E7　□A & □B → □ (A & B)　　　　[□A = dfA → A → A]

析取：
E8　A → (A∨B)
E9　B → (A∨B)
E10　(A → C) & (B → C) → (A∨B) → C

合取与析取的分配律：
E11　A & (B∨C) → (A & B)∨C

否定：
E12　A → ¬A → ¬A
E13　A → ¬B → B → ¬A
E14　¬¬A → A

规则：
→E：已知 A → B，从 A 可以推出 B
&I：从 A 和 B 可以推出 A & B[①]

系统 R 是一个希尔伯特式的逻辑系统，安德森和贝尔纳普的自然演绎系统来源于 Fitch 的经典和直觉逻辑的自然演绎系统。这个系统包括命题变项、圆括号、否定、圆实点、合取、析取和蕴涵。关于系统 R 的公理

---

① Anderson, A. R. and N. D. Belnap, Jr. (1975) Entailment: The Logic of Relevance and Necessity, Princeton: Princeton University Press, Volume I: 231 – 232.

如下：

R1　A→A
R2　A→B→. B →C→. A →C
R3　A→. A→B→B
R4　（A→. A→B）→. A→B
R5　A & B→A
R6　A & B→B
R7　（A→B）&（A→C）→. A→. B & C
R8　A→A∨B
R9　B→A∨B
R10　（A→C）&（B→C）→.（A∨B）→C
R11　A &（B∨C）→（A & B）∨C
R12　A→¬B→. B→¬A
R13　¬¬A→A

规则：
→E：已知 A → B，从 A 可以推出 B
&I：从 A 和 B 可以推出 A & B[①]

综上所述，安德森和贝尔纳普为了解决实质蕴涵怪论而提出了相干逻辑，并构造了两个系统：系统 E 和系统 R，他们认为一个有效的推理的结论应与前提有关联（即是相关的）。但是，尽管相干逻辑的研究的出发点是为了解决实质蕴涵怪论，但是，"由于推理的具体内容千差万别，从逻辑上去刻画推理的前提和结论之间的内容关联是没有出路的，即使是去刻画这种内容相关的形式表现也不大可能取得成功"[②]。

四　变异实质条件句逻辑思想的新发展[③]

变异的实质条件句进路在当代也有些成果出现，其主要围绕衍推等概

[①] Anderson, A. R. and N. D. Belnap, Jr. (1975) Entailment: The Logic of Relevance and Necessity, Princeton: Princeton University Press, Volume I: 340 – 341.
[②] 陈波：《逻辑哲学》，北京：北京大学出版社 2005 年版，第 44 页。
[③] 变异实质条件句逻辑思想的新发展这一节中的（1）、（2）、（3）、（4）和（5）的内容主要参考了 Edwin Mares (2012), Relevance Logic, http://plato.stanford.edu/entries/logic-relevance/ 的相关内容，特此致谢。

念展开，相干逻辑除了应用到蕴涵和衍推中，为其非形式概念提供较好的形式化之外，还为素朴集合论的发展提供一个基础，但是，更令人关注的是相干逻辑在哲学和计算机科学领域中也有着广泛的应用。

（1）相干逻辑也被视为是数学理论的基础而不是集合论的基础。Meyer 依据逻辑 R 构造出异于 Peano 算术。Meyer 还对他没有把 $0=1$ 作为定理的相干算术给出了一个有穷证明。在相干算术的语境中，按照这个理论，可以解决希尔伯特的核心难题。他还用有穷方法证明相干算术是绝对一致的。这使得相干 Peano 算术成为一种非常有趣的理论。不幸的是，就像 Meyer 和 Friedman 所指出的，相干算术并不包含所有经典皮亚诺算术的定理。所以，我们不能从中推出经典 Peano 算术是绝对一致的。为了比较逻辑 E 和逻辑 R 的异同，Meyer 对 R 系统添加了一个必然算子，也就是系统 NR[①]。

然而，Larisa Maksimova 发现了系统 NR 和系统 E 之间的重要差异：NR 中的定理（自然传递性）不是系统 E 的定理。这引起了相干逻辑学家的困惑。他们不知道是把 NR 系统作为严格相干蕴涵系统，还是认为 NR 存在一定的缺陷，而把系统 E 作为严格相干蕴涵系统。

[①] 系统 NR 这是一个希尔伯特式的逻辑系统，这个系统包括命题变项、圆括号、必然、否定、合取和蕴涵。另外，我们采用如下方式定义连接词：

$A \vdash B =_{df} \neg (\neg A \& \neg B)$

$A \leftrightarrow B =_{df} (A \to B) \& (B \to A)$

系统 NR 的公理：
1. $A \to A$
2. $(A \to B) \to ((B \to C) \to (A \to C))$
3. $A \to ((A \to B) \to B)$
4. $(A \to (A \to B)) \to (A \to B)$
5. $(A \& B) \to A$, $(A \& B) \to B$
6. $A \to (A \vdash B)$, $B \to (A \vdash B)$
7. $((A \to B) \& (A \to B)) \to (A \to (B \& C))$
8. $((A \vdash B) \to C) \leftrightarrow ((A \to B) \& (A \to C))$
9. $(A \& (B \vdash C)) \to ((A \& B) \vdash (A \& C))$
10. $(A \to \neg B) \to (B \to \neg A)$
11. $\neg \neg A \to A$
12. $(A \to B) \to (\Box A \to \Box B)$
13. $(\Box A \& \Box B) \to \Box (A \& B)$

系统 NR 的规则：
$A \to B, A \vdash B$
$A, B \vdash A \& B$
$A \vdash \Box A$

另一方面，也有一些逻辑学家认为 R 系统和 E 系统都存在问题，例如 Arnon Avron，他接受比 R 系统更强的系统。当然，也有一些逻辑学家接受比 R 或者 E 系统更弱的系统，如 Ross Brady，John Slaney，Steve Giambrone，Richard Sylvan，Graham Priest，Greg Restall 等。一个极弱系统是 Robert Meyer 和 Errol Martin 的系统 S[①]。

就像 Martin 所指出的，这个逻辑系统并不包含形如 A → A 的定理。另外，按照系统 S，不存在任何命题蕴涵其本身，并且不存在任何形如"A，所以 A"的论证是有效的。因而，这种逻辑不会产生有效的循环论证。

（2）Dunn 依据相干逻辑发展了一个具有内在、本质性质的理论，称为"相干谓词"。简单地讲，事情 i 与性质 F 相干，当且仅当 $\forall x (x = i \rightarrow F(x))$。非正式地说，如果一种事物相干的蕴涵具有这种性质，那么这种事物就具有相干属性。因为一个相干蕴涵的后件的真本身对蕴涵的真是不充分，因此，事情具有与相干性一样的不相干性。Dunn 的公式好像至少捕捉到了我们所使用的内在性质的概念的意义。增加对语言的修正会允许把基本概念的公式化作为既不是必然的也不是本质的性质。[②]（Anderson，Belnap 和 Dunn 1992，§74）

（3）安德森（1967）依据逻辑 R 构造了一个道义逻辑系统，最近，人们把相干逻辑作为构造道义逻辑的基础，如 Mares（1992）和 Lou Goble（1999）。这些系统能够避免更传统的道义逻辑所面临的某些标准问题。标准道义逻辑所面临的一个难题是：它让从 A 为定理到 OA 为定理的推理有效，这里 OA 意指"A 是应该的"。产生这个难题的原因在于当前把道义逻辑视为正规模态逻辑是标准的。对模态逻辑的标准语义而言，如果 A 是有效的，那么它在所有的可能世界中都是真的。而且，OA 在世界 a 中是真的，当且仅当 A 在 a 可及的每一个世界中都是真的。因此，如果 A 是一个有效公式，那么 OA 也是一个有效公式。但是，就此认为每一个有效公式都是这种情况是有问题的。例如，为什么"现在北京正在下雨或者北京现在没有下雨"这种情况会存在？其它种类的模态算子也已经添加到相干逻

[①] 系统 S 这是一个希尔伯特式的逻辑系统 S（三段论 syllogism），这个系统包括命题变项、圆括号和一个连接词蕴涵。

系统 S 的公理：

1. $(B \rightarrow C) \rightarrow ((A \rightarrow B) \rightarrow (A \rightarrow C))$
2. $(A \rightarrow B) \rightarrow ((B \rightarrow C) \rightarrow (A \rightarrow C))$

系统 S 的规则：

$A \rightarrow B, A \vdash B$

[②]

辑中。如 Fuhrmann（1990）对相干模态逻辑的一般处理和 Wansing（2002）对相干认知逻辑的发展和应用。

（4）Routley、Val Plumwood（1989）、Mares-André Fuhrmann（1995）基于相干逻辑构造了一个反事实条件句理论，这种语义学把标准 Routley-Meyer 语义学添加到一个公式和两个世界之间成立的可及关系中。在 Routley 和 Plumwood 的语义学中，A＞B 在世界 a 中成立，当且仅当对所有使得 SAab 的世界 b，B 在 b 中成立。Mares 和 Fuhrmann 的语义学比之稍微复杂一些：A＞B 在世界 a 中成立，当且仅当对所有使得 SAab 的世界 b，A→B 在 b 中成立。Mares（2004）提出一个包括反事实条件句更复杂的相干条件句理论。所有这些理论都能够避免出现在反事实条件句中与蕴涵怪论相似的怪论。

（5）人们已经把相干逻辑应用于计算机科学和哲学，一个由 Jean-Yves Girard 提出的线性逻辑是一个计算资源（resource）的逻辑，它是逻辑的一个分支。线性逻辑学家把蕴涵 A→B 读做有类型 A 的一个资源允许我们获得类型 B 的某种东西。如果我们有 A→（A→B），那么我们知道我们可以从两个类型 A 的资源获得一个 B。但这并不意味着我们可以从一个单独类型 A 的资源得到一个 B，也就是我们不知道我们是否可以获得 A→B。所以，收缩律在线性逻辑中失效。事实上，线性逻辑是缺乏收缩律和合取对析取分配律（（A&（B⊢C））→（（A&B）⊢（A&C）））的相干逻辑。它们也包括两个算子！和?，人们把它称为指数（exponential）。把一个指数放在一个公式前就能使得公式具有经典逻辑的能力。例如，就像在标准的相干逻辑中，我们通常不能仅仅添加一个额外的前提到一个有效的推论中，并且保持它的有效。但是，我们通常可以添加一个形如！A 的前提到一个有效推论中，并保持其有效。线性逻辑也有形如！A 的公式的收缩律，即它是这些逻辑（！A→（！A→B））→（！A→B）的一个定理（Troelstra 1992）。

第四节　条件句的语言学进路思想

学界往往把条件句分为直陈条件句与反事实条件句，语言学进路是针对反事实条件句二提出的，这条进路来源于拉姆齐的覆盖律则。最初由齐硕姆所提出，后由古德曼（1947）进行了发展，尽管支持这种思想的学者有时也会使用可能世界这个术语，但是其目的主要在于把可能世界作为一种辅助解释,并没有贯穿他们理论的核心。

反事实语言学理论的基本思想是反事实条件句 A > C 是真的当且仅当 A 加上某些其他的相关前提衍推 A。这个理论的支持者主要有齐硕姆和古德曼。学界之所以把这种思想称为语言学进路,原因在于这个理论试图依据语言学概念,如衍推和前提,来说明反事实条件句的真值条件。

一 拉姆齐的语言学进路思想

弗兰克·拉姆齐(Frank P. Ramsey 1903 – 1930),英国人,出生在一个显赫的家族,他的弟弟迈克尔·拉姆齐曾任坎特伯雷大主教。弗兰克·拉姆齐的研究领域比较广泛,是著名的数学家、哲学家、逻辑学家和经济学家。1919 年,弗兰克·拉姆齐进入剑桥大学的三一学院,开始学习数学,曾提出著名的"拉姆齐理论"。1930 年,由于患肝病,拉姆齐不幸英年早逝。在其逝世后的第二年,他的好友布雷斯韦特(R. B. Braithwaite, 1900—1990)把他的有关数学与逻辑的相关论文编辑成文集《数学基础和其它逻辑论文》出版。

拉姆齐的条件句思想集中于 1929 年的《一般命题与因果关系》一文中,在此文中,拉姆齐提出了两个思想,在本文中,我们分别把其称为"覆盖律则"与"Ramsey 测验"。前者称为反事实条件句语言学进路的逻辑起点,后者则生发出更多的条件句理论,当代主流条件句理论基本上都以"Ramsey 测验"为核心。

"覆盖律则"(covering law)是一种解释反事实条件句的思想,即一个反事实条件句的前件加上相关定律能衍推这个条件句的后件。从总体上看,反事实条件句的研究存在两条进路,一条进路是可能世界进路,这条进路主要借助可能世界的观念来刻画反事实条件句;另一条进路是语言学进路,这条进路主要借助于"覆盖律则"来解释反事实条件句。尽管支持语言学进路的学者有时也会使用"可能世界"这个术语,但其目的主要在于把可能世界作为一种辅助解释,但没有把可能世界这种思想贯穿他们理论的核心。

在 1929 年的《普通命题和因果关系》中,拉姆齐提出了一个影响反事实条件句逻辑发展的思想:

除非实质蕴涵 p⊃q 是真的,"如果 p,那么 q"在任何意义中都不为真;一般认为 p⊃q 不但是真的,而且在某些没有明确表述的特殊情况中是可推断和可发现的。当"如果 p 那么 q"或者"因为 p, q"

(当我们知道 p 为真时,"因为"只是"如果"的一个变项)是值得说明的,即使在知道 p 假或者 q 真的情况下,这一点是很明显的。通常,我们可以对 Mill 说"如果 p 那么 q"意谓着 q 是从 p 中推出的,当然也就是从 p 加上确定的事实与没有陈述但可由某些由语境显示的方式的定律所推出的。如果真不是一个预设的事实,这意谓着 p⊃q 可以从这些事实和定律推出;所以,尽管听起来是推论的,但是 Mill 的解释不像 Bradley 一样陷入循环的困境。当然,得出 p⊃q 事实不是逻辑命题,而是事实的描述:"它们涉及 p⊃q"。①

在这里,拉姆齐提出了一种处理反事实条件句研究思想:

> "如果 p 那么 q"意谓着 q 是从 p 中推出的,当然也就是从 p 加上确定的事实与没有陈述但可由某些由语境显示的方式的定律所推出的。

这种条件句思想也被称为反事实条件句的"覆盖律则"。拉姆齐描述了得到一个条件句的后件为真的新的思想,也就是这个条件句的前件加上相关定律衍推这个条件句的后件。这种条件句思想对后世的影响是深远的,以至于被称为反事实条件句语言学进路的理论起点。这个思想首先被齐硕姆所引用,后来这一思想被古德曼进一步发展成为"共支撑"理论。拉姆齐的这种条件句思想引入了一个重要的理念——条件句的前件加上确定的事实和定律推出条件句的后件。这种条件句思想与弗雷格、皮尔士等人的条件句思想是不同的,这种思想很好地捕捉到了条件句与我们的直觉的联系。

由于拉姆齐强调"条件句的前件加上相关定律能衍推这个条件句的后件",所以人们通常把这种处理反事实条件句的思想称为"覆盖律则",而以"覆盖律则"为理论基点条件句研究进路则称为语言学进路,之所以称为语言学进路是由于这条进路试图依据衍推和前提这样的语言学概念来说明反事实条件句的真值条件。

在过去半个多世纪中,一些属于英美分析哲学传统的哲学家对"覆盖

---

① Ramsey, F. P., "General Propositions and Casuality," *Foundations : essays in philosophy, logic, mathematics, and economics* / F. P. Ramsey ; edited by D. H. Mellor ; (Atlantic Highlands, N. J. : Humanities Press, 1978), p. 144.

律则"表现出了极大的兴趣,并对此进行了深入的研究,其中包括齐硕姆(Roderick Chisholm)(1946)、古德曼(Nelson Goodman)(1955)、斯隆(Michael Slote)(1978)、贝内特(Jonathan Bennett)(2003)等人。

二 齐硕姆的语言学进路思想

齐硕姆(Roderick Milton Chisholm1916—)是20世纪公认的最富有创造性、高产和有影响力的美国哲学家之一。他的研究范围包括形而上学、伦理学、语言哲学、心灵哲学等领域。重视形而上学的研究,不赞同逻辑实证主义者的反形而上学立场。批驳艾耶尔早期的现象论观点以及某些哲学家和心理学家对感觉材料和辩护。赞同基础论而反对贯通论,认为一个人在任何时候所拥有的知识都是一个建筑物是建立在它的基础之上的。一个人知识的基础至少部分说来就是他对"所与"、"感觉材料"等的领悟。认为说某个人知道某个命题,就意味着已具备三个条件:(1)这个命题是真的;(2)这个人相信这个命题;(3)这个命题对于这个人来说已被证明是正确的。这三个条件不仅是知识的必要条件,而且总和起来还构成知识的充分条件。主要著作有:《感知:哲学研究》(1957)、《人的自由和自我》(1964)、《认识论》(1966)、《人和对象:形而上学研究》(1976)、《认知的基础》(1982)等。

对于反事实条件句,齐硕姆指出:

> 我们通常把我们知识的有意义的部分表述为虚拟或者反事实条件语句……普遍性、蕴涵和"语句命题"理论在最近几年已经得到了发展,这些理论好像只是涉及直陈语句并且对我们通常用虚拟语气表述的语句没有产生充分的规定(provision)。[1]

尽管经过多年的争辩,这个研究领域仍然没有足够的证据。齐硕姆总结了这个主要的困难:

> 许多反事实(contrary-to-fact)条件句并没有用虚拟语气来表达,而用虚拟语气表达的语句事实上又不是反事实条件句,但是,我们现在所讨论条件句可以用"虚拟条件句"和"反事实条件句"进行相互转换。然而这两个术语都不恰当,但在最近的文献中,人们都使用过

---

[1] Chisholm, R. M. (1946). "The Contrary-to-Fact Conditional," Mind (55): 289.

这两个术语。①

但他同时认为，虚拟条件句的发展是存在困难的，其难题在于：

> 这里，我们的难题是去决定是否存在表述这种重要反事实信息的其他意思。就像我们所看到的，这个问题所包括的哲学难题是对形而上学、认识论和一般科学哲学的基础。②

> 我们的难题在于呈现一个虚拟条件句形式"(x)(y)如果x和y是Ψ，y会是x"，使之成为一个表达同样意思的直陈条件句。

齐硕姆认为：

> 如果与空（vacuous）实质条件句相应的最初虚拟条件句是真的，那么这会是一个真语句。（当然了，只要我们能断定虚拟条件句，我们也能断定对应的直陈条件句。）③

在《反事实条件句》一文中，齐硕姆尝试了解决虚拟条件句的问题，值得注意的是，他的反事实条件句思想来源于拉姆齐：

> 现在，让我们详细考虑尝试消除反事实条件句的困难。我们可以从拉姆齐的《普通命题与因果性》一文中得到启发。让我们预设我在条件句中的信念"如果你看到这个节目，那么你不会喜欢它的"对暗示你不会喜欢这个节目构成了推论理由。我们可以把这种情况描述为：我感觉你被误导了，因为我有（相信有）这种信息和你看这个节目的假设，我能得出你不会喜欢这个节目的结论。如果你对我的建议有疑问，那么我们之间的不同最可能与这个断定的信息有关。拉姆齐陈述了这个问题的实质：通常，我们可以对 Mill 说"如果 p 那么 q"意谓着 q 是从 p 中推出的，当然也就是从 p 加上确定的事实与没有陈述但可由某些由语境显示的方式的定律所推出的。如果真不是一个预

---

① Chisholm, R. M. (1946). "The Contrary-to-Fact Conditional," Mind (55): pp. 289–90.
② Ibid., p. 289.
③ Ibid., p. 300.

设的事实，这意谓着 p⊃q 可以从这些事实和定律推出。①

依据拉姆齐的这种思想，齐硕姆提出了一个解决虚拟条件句的思想：

> 那么，让我们考虑是否一个虚拟条件句或者反事实条件句按照衍推来重新公式化：后件由前件合取先前的知识储存所衍推。②

齐硕姆的这种反事实条件句思想具有两个明显的特征，一是依据言说者内心的考虑；二是没有对"支撑"（tenable）的内容进行限制。我们知道，通过诉诸于言说者的意思以区别语句的意义，我们可以减小问题的范围。当一个人断定一个反事实条件句时，他所说的意思也许接近他所意谓的内容。当语句中出现"这个"、"它"以及类似的语词时，这种情况就会出现，但这种情况也许会以不明显的方式出现。很多学者强调要把言说者的意图作为紧致（tighten）前件的资源，用比语词本身的意义更详细的东西来代替它们。齐硕姆在两篇关于反事实条件句的文章中表述了这一点。他的这种思想在1955年的《定律语句与反事实推理》中表现的更加明显，在1955年的论文中，齐硕姆对言说者的意图给出了更多权利，他让他们在不允许的方式中确定前件。

齐硕姆把反事实条件句 A > B 的真与言说者的心理联系在一起，他没有依据客观限制的支撑。齐硕姆假设当我们断定反事实条件句时，我们经常保守地说前件，把其放在语境来说明我们意指我们前件的更丰富的命题。他说：

> 在简单情况下，我们可以断定单一反事实条件句，因而我们会考虑言说者：（1）正演绎出一个单独假定的后件。即用一个他解释的语句作为定律语句。（2）局部的关注把注意、强调或者传递这种语句的解释作为一个定律语句。③

通过上引，我们不难发现齐硕姆实际上认为反事实条件句与前件加上定律衍推后件相关，也就是这种支撑不受限制。但齐硕姆又说：

---

① Chisholm, R. M. (1946). "The Contrary-to-Fact Conditional," Mind (55): pp. 297–8.
② Ibid., pp. 298–9.
③ Chisholm, R. M. (1955). "Law Statements and Counterfactual Inference," Analysis (15): 101.

从一个人言语的语境，我们通常告诉假设的内容和其他语句的内容和他所关注的相关。他可以说："如果那是黄金，那么它是可铸的"；在这种情况下，它与解释为一个定律语句的语句为"所有黄金是可铸"是相像的；它也与这是他关注强调的语句相像。①

但是，在没有讨论发生支持的权利的情况下，齐硕姆又暗示言说者的其他语句可以合法的依据来断定反事实条件句 A > B，这是没有限制的。对此，齐硕姆举出下例作为说明：

（1）所有黄金都是可铸。（2）没有铸铁是可铸的。（3）没有东西既是铸铁又是黄金。（4）没有东西即是可铸的又是不可铸的。（5）那是铸铁。（6）那不是黄金。（7）那不是可铸的。我们可以在他所断定的三种有相同前件的不同反事实语句中比较三种不同的情况。

第一，需要指出的是，对于一个物体而言，它的听者不知道那是黄金并且不知道那不是黄金，他断定"如果那是黄金，它不是可铸的"，在这种情况下，他正在假设否定（6）；他正在拒斥他的预设（5）、（6）和（7）；并且他在强调预设（1）。

第二，需要指出的是，对于一个物体，他断定他和他的听者都同意那是铸铁，"如果那是黄金，那么某些黄色的物体不是铸铁"。他又在假设否定（6）；他在拒斥（1）和（6），但是他不再拒斥（5）和（7）；并且他在强调（5）或者（2）。

第三，他断定"如果那是黄金，那么某些物体都是铸铁并且都不是铸铁"。他又在假设否定（6）；现在他在拒斥（3），但是不拒斥（1）、（5）、（6）和（7）；他现在强调（1）、（2）或者（5）。②

但是，齐硕姆的这种表述存在太多的问题。例如，当我们把（1）和（7）视为真时，我们不能说（6）是假的，只能把（4）的否定作为结果。也就是说，当 A 和 B 都不可能为真时，我们是可以探讨 A > B 是否可以非平凡的为真，但是对于"如果 A 真而 B 不真时，那么 A > B 不能为真"的

---

① Chisholm, R. M. (1955). "Law Statements and Counterfactual Inference," Analysis (15): 102.
② Ibid., p. 103.

问题，实际上已经超出了我们所探讨的范围。

对于这种情况，本内特就认为："齐硕姆或许可以解释，在这种情况下 A 实际上是不可能为真的。说'如果那是黄金，那么有些黄金可铸又不可铸'的言说者正在保守地说前件，他真正的意思就是'如果它们（当保留他们都是不可铸的时）是黄金（因而是可铸的）……'这是不可能的，所以我们能把它与一个不可能为真的后件结合得到一个真条件句。但是这并不是告诉我们，我们没有更直接的方法处理反逻辑条件句：除非他们制造了特殊的规定，否则会失控；如果言说者就像齐硕姆所说的那样来断定这种情况，那么这是令人不能容忍的。"① 因此，对支持理论而言，得到一个好的反事实条件句 A > B 的分析的难题是说测验一个事实为真的难题必须经过量化为支持中的合取肢，然而，存在许多产生这种结果的方式，在这些方法中，我们的选择会影响我们评价一个特殊的虚拟条件句。

综上所述，尽管齐硕姆的反事实条件句思想存在一定的困境，但是，齐硕姆的反事实条件句思想不仅具有深远影响，而且有重要的理论意义。一方面，由逻辑主义者弗雷格、罗素发展起来并达到顶峰的现代实质条件句逻辑，随着实质蕴涵怪论的出现而受到学界的普遍质疑，正当实质条件句逻辑研究一时陷入沉寂之际，齐硕姆的反事实条件句思想的提出使人看到了条件句逻辑发展的希望和曙光，并引发了当代第一次条件句研究的浪潮。另一方面，齐硕姆的反事实条件句逻辑思想的提出，开辟了把条件句逻辑进行分类研究的新的研究进路，条件句逻辑中出现的各种怪论说明这些条件句理论需要扩充或者修正，因此，对不能用实质蕴涵刻画的反事实条件句进行单独的研究，为这种创新和发展提供了现实的可能性，尽管反事实条件句的研究遇到了许多挑战，但是这使这种争论和交锋客观上促进了条件句逻辑的发展。

三　古德曼的语言学进路思想

纳尔逊·古德曼（Nelson Goodman, 1906—1998）是分析哲学、科学哲学和美学领域的大师级人物，是现代唯名论、新实用主义的主要代表之一。1906 年 8 月 7 日生于美国麻省，1998 年 11 月 25 日逝世，享年 92 岁。他是美国文理学院院士、大英人文与社会科学全国学院不列颠学院通讯院士。担任过诸多重要学术讲座的主讲，如 1962 年哈佛大学的怀特海讲座，1962 年哈佛大学的洛克讲座，1974 年伊利诺大学的米勒讲座，1976 年斯

---

① Bennett, J. (2003). A Philosophical Guide to Conditionals, Oxford University Press, p. 307.

坦福大学的康德讲座，等等。古德曼以其宏博的学识、睿智的思维和天才的洞见成为了 20 世纪哲学诸多领域的大师级人物。古德曼借其以《表象的结构》(1952)、《事实、虚构和预测》(1955)、《艺术语言》(1968)、《构造世界的多种方式》(1978)、《心灵及其它问题》(1984) 为代表的一系列著作，以及他博宏的学识、睿智的思维和天才的洞见成为 20 世纪哲学诸多领域的大师级人物。

古德曼认为反事实条件句是重要的，因为：

> 对反事实条件句的分析，绝不是语法上的雕虫小技。实际上，如果我们缺少解说反事实条件句的方法，我们几乎就不能声称拥有恰当的科学哲学了。对科学定律的满意定义、有关确证（confirmation）或有关素质术语（disposition terms）的满意理论，或许能够解决反事实条件句难题的很大一部分。反过来看，解决反事实条件句难题，也许能使我们回答关于定律、确证以及潜在性（potentiality）之意义等关键性问题。①

在研究反事实条件句时，古德曼对反事实条件句进行了区分，他认为存在各种表征专门问题的专门性的反事实条件句：

(1) 反同一句（counteridenticals）。

例如"如果我是凯撒（Julius Caesar），我就不会生活在 20 世纪"和"如果凯撒是我，他就会生活在 20 世纪"。这两个语句的前件都是关于同一主体（identity）的语句，但是我们给出了两个不同的后件。两个后件假定了同一主体，本身却是不兼容的。

(2) 反比较句（countercomparatives）。这种条件句的前件具有这样的形式："如果我有更多的钱，……"

(3) 反法定句（counterlegals）。这种语句的前件既可能直接否定一般法则，如："如果三角形是正方形，……"也可能做出关于不仅虚假而且不可能的特殊事实的假定，如："如果这块方形的糖也是球形的，……"②

---

① Nelson Goodman. (1947) The Problem of Counterfactual Conditionals. *The Journal of Philosophy*, Vol. 44.
② Ibid.

古德曼也认为，如果把反事实条件句依据实质蕴涵来解释，那么反事实条件句会面临一些难题。为了更好地阐明这个问题，古德曼采用了"前件假、后件假"的条件句例子，因为按照真值表，只要一个条件句的前件为假，那么这个条件句就是真的，但是，按照这种思想来处理反事实条件句是有问题的。古德曼举出了一个例子，当我们谈到昨天吃掉的一块未加热的黄油这件事时，可以说：

如果那块黄油曾被加热到 150 °F，它会溶化。[1]

按照实质蕴涵真值表，这个反事实条件句是真的，因为它的前件为假。同样，"如果那块黄油曾被加热到 150 °F，它就不会溶化"也是真的，因为他的前件也为假。而把这两个条件句放在一起是违反人们直觉的。古德曼认为，出现这种情况的原因在于我们该"定义给定的反事实句成立，而具有矛盾结果的相反条件句不成立"。他认为"这种有关真的标准必须建立起来，以应对这样的事实：按其本性，反事实句不受它的前件的直接经验测验"。古德曼认为，"问题的实质是两个子句之间的某种联结关系；这类语句的真值——不管它们取反事实句的形式还是事实条件句的形式或者其他形式——都不取决于子句的真或假，而取决于预期中的联结关系是否成立"。

他认为存在两个主要难题，那就是如果条件句的前件和后件之间存在一定的联结关系，那么反事实条件句就是真的，但是条件句仅仅依据后件而从前件推出：

（1）首先，联结关系成立的断言是在假定前件没有声明的一定的境况成立时作出的。当我们说"如果火柴已被摩擦了，它就会被点燃"，我们所指的条件很完备，如火柴制作完好、足够干燥、氧气充足，等等，以至于"火柴被点燃"可以从"火柴被摩擦"中推断出来。因此，可以认为，我们所断言的联结关系，可以视为把后件与某种合取联结起来，而此合取是前件和其他语句之合取，其中其他语句真实描述了相关条件。特别要注意，我们对反事实条件句子的断言，并不以这些境况的成立为先决条件。我们并不是断言，如果境况成立

---

[1] Nelson Goodman. (1947) The Problem of Counterfactual Conditionals. *The Journal of Philosophy*, Vol. 44.

反事实条件句才为真,而是在断言反事实条件句时,我们承诺描述所要求的相关条件的诸语句确实为真。第一个重要难题是界定相关条件:描述把什么样的句子与前件组合成一种合取,形成一个基础,从中推导出后件。

(2) 但是即使专门性的相关条件已经刻画清楚了,联结关系之成立通常也不会是一种逻辑必然关系。容许从"火柴被摩擦了,火柴足够干燥,氧气足够,等等"推导出"火柴点燃了"的原理,并不是一条逻辑定律,而是我们所说的自然定律、物理定律或者因果定律。第二个主要难题涉及对这类定律的界定。①

从表面上看,这个理论好像很好地捕捉到了涉及反事实条件句的我们的直觉。我们表示的是"火柴点燃"可以从"火柴被摩擦"合取自然律和其他的相关背景条件取得的。这些背景条件包括火柴制作完好、干燥、氧气充分,等等。

但是,什么能产生条件相干?例如,火柴是在美国生产的的条件是什么?为了一个唯一的分析或者说明的目的,任何语言学理论都要提供相干添加特性的原则方式。这就是古德曼所说的"相关添加难题"。

他认为存在两个主要难题,那就是如果条件句的前件和后件之间存在一定的联结关系,那么反事实条件句就是真的,但是条件句须仅仅依据后件而从前件推出:

第一个主要难题是定义相关条件;要说明把何种句子与前件组成一种合取,作为推出后件的基础。……第二个主要难题涉及对这类定律(自然律、物理定律或者因果律——引者)的界定。②

对于上述难题,古德曼采取了以下措施加以解决,他的分析如下:

一个反事实条件句是真的,当且仅当存在真语句的某个集合 S,使得 S 与 C 和 ¬C 相容,并且使得 A·S 是自相容的并通过定律可以得到 C;但不存在与 C 和 ¬C 相容的集合 S′,使得 A·S′ 是自相容的并且

---

① Nelson Goodman. (1947) The Problem of Counterfactual Conditionals. *The Journal of Philosophy*, Vol. 44.
② Ibid., pp. 116 – 117.

根据定律得到¬C。①

如果这种情况成立的话，将是一种理想的状态，但是进一步思考我们会发现古德曼的上述分析不是充分的，古德曼接着指出：

> 不幸的是，即使这样也不是充分的。因为真语句中会存在后件的否定：¬C。¬C 与 A 究竟是相容还是不相容？如果不相容，那么不附加任何条件的 A 一定是通过定律而得到的 C。但是，如果¬C 与 A 兼容（在大多数情况下如此），那么，如果我们把¬C 作为我们的 S，合取 A·S 后会使我们得到¬C。因此，这很难满足我们所建立的标准；原因在于既然¬C 通常与 A 相容，正如引入相关条件证明所需要的，一般会存在一个 A（即 -C）使得 A·S 自相容并且通过定律得到¬C。②

因而，我们需要拒斥这样一种来自相干条件集合的不合适语句。所以，古德曼要求不仅仅要与 A 兼容，还要与 A "共支撑"。古德曼对"共支撑"进行了定义：

> 如果并非"若 A 为真则 S 不为真"，那么 A 与 S 是共支撑的，并且 A·S 的合取是自我共支撑的。③

按照"共支撑"定义，古德曼认为要说明一个反事实条件句为真的，还需要补充以下条件：

> 除了满足已列出的其他要求外，S 还必须不仅要与 A 相容而且要与 A 是"联合支撑的"（jointly tenable）或者与 A 是"共支撑的"（cotenable）。④

我们可以把古德曼的这种分析表述为一个反事实条件句是真的，当且仅当存在真语句的某个集合 S，使得 S 与 A 共支撑，并且在 A 和定律的合

---

① Nelson Goodman. (1947) The Problem of Counterfactual Conditionals. *The Journal of Philosophy*, Vol. 44, p. 119.
② Ibid., pp. 118-119.
③ Ibid., p. 120.
④ Ibid.

取可以衍推出 C；但不存在集合 S'，使得 S' 与 A 共支撑，并且在 A 和定律的合取可以衍推出 ¬C。我们把这种成形于齐硕姆，后由古德曼所发展的，仅仅基于前件与"定律"的合取就衍推出反事实条件句后件的思想称为"简单的覆盖律则"。

综上所述，从表面上看，"简单的覆盖律则"好像很好地捕捉到了拉姆齐的思想核心——反事实条件句与我们现实世界直觉两者之间的联系。例如，按照古德曼的分析，当我们说"如果火柴被摩擦了，那么它就会被点燃"时，我们这句话所表示的含义是"火柴就会被点燃"这个反事实条件句的后件，可以由"火柴被摩擦"这个反事实条件句的前件、自然律以及与其相关的背景条件这三者的合取衍推出来。从直觉上看，这些相关背景条件应该包括火柴是制作完好的、火柴是干燥的、火柴周围的氧气是充足的、与火柴摩擦的摩擦物是干燥的，等等。但是，什么情况下可以产生相关条件？显然，对于这个至关重要的点，我们却无法进行精确的量化说明，因为它是模糊的。例如，我们无法说清楚与火柴摩擦的摩擦物是由上海毛织公司制造的相关条件究竟是什么？

如果要想使得"简单的覆盖律则"成为一种经得起推敲的理想理论，那么任何"简单的覆盖律则"都要提供一个可以明确界定相关条件的原则，这就是古德曼所说的"相关添加难题"。从古德曼的观点看，"简单的覆盖律则"这个说明面临一个无法避免的困境：循环。因为古德曼所提出的共支撑观点是依据反事实条件句定义的。通俗地说，为了确定一个反事实条件句是否为真，我们不得不确定是否存在一个集合 S 与这个反事实条件句的前件共支撑。但是，为了确定集合 S 是否与这个反事实条件句的前件共支撑，我们就要确定反事实条件句的前件衍推出集合 ¬S 是否是真的。基于这种分析，我们只能说"简单的覆盖律则"显然是无法合理解决这种问题的，这正如梅特斯（Benson Mates）所说：

> 大多数更为理想的分析（指反事实条件句的分析——引者）以实现如下目的：一个形如"如果 P 成立，那么 Q 会成立"的语句为真，当且仅当 Q 语句为 P 语句加上满足不同条件语句 S（假设背景）集合的逻辑后承。虽然学界通常认为 S 应该包含某些科学定律，但在明确保有这种类型的说明可能性并避免它平凡的其他条件下，这种说明存在巨大的困难。①

---

① Mates, B. (1970) Review of Walters, 1967, Journal of Symbolic Logic, vol. 35: 303-4.

四 条件句逻辑语言学进路思想的新发展

拉姆齐这样评价反事实条件句,"如果 p 那么 q"意谓 q 是从 p 中推出的,当然也就是从 p 加上确定的事实与没有陈述但可由某些由语境显示的方式的定律所推出的。如果真不是一个预设的事实,这意谓着 p⊃q 可以从这些事实和定律推出。这个脚注的框架已经被以多种方式进行解读。其中共分为两条进路,第一条进路延续了齐硕姆和古德曼的语言学进路。为了解决古德曼的"相干条件难题",许多学者对此进行了讨论,他们在古德曼等人的"覆盖律则"的基础上进行了进一步的精致,从总体上看,这种"精致的覆盖律则"主要有两种思路。一种思路是把时间因素加入到"简单的覆盖律则"中,这种思路是学界在质疑古德曼的"共支撑"理论时提出来的;另一种思路是把因果相关加入到"简单的覆盖律则"中,这种思路出现在 20 世纪 70 年代,在时间上比上一种思路要晚一些。

(1) 最早把时间因素加入到"简单的覆盖律则"的是帕里(W. T. Parry),他认为通过添加断定的"简单事实"和他提到的"两个定律"到古德曼的"共支撑"思想,就可以合理地解决"简单的覆盖律则"所面临的困境,帕里认为这种重要的"简单事实"是:

> 包含在相干条件 S 中的"其他事情"一定不包括在前件时间时他的现实位置,这一点是很清楚的。这个简单事实古德曼却没有提及,是因为它太模糊了、太特殊了还是其他的原因?[1]

对于这一点,帕里进行了深入分析,他认为通过以下"两个定律"可以解决"简单的覆盖律则"所面临的"相关条件难题":

> (定律 1) 对于任何时间 t,如果一根在 t 时被摩擦的火柴在 t 时是制作良好的、干燥的,并且氧气与 t 时其他的条件是确定可以提供的,那么火柴在紧接着 t 时之后的时间 t' 被点燃的结果就会出现。[2]

---

[1] Parry, W. T. (1957) Reexamination of the problem of counterfactual conditionals, Journal of Philosophy, vol, 54: 90.

[2] Ibid., p. 87.

（定律2）对于任何时间 t，如果一根火柴在 t 时被摩擦，那么在当前的时间 t，它是制作良好的、氧气和确定条件比干燥更重要，但是这根火柴在 t 时之后的任何时间都没有点燃，那么可得出这根火柴在 t 时没有燃烧。[1]

（2）科瑞（John C. Cooley）也持有相似的建议，他也认为借助于时间因素可以解决"简单的覆盖律则"所面临的"相关条件难题"：

他（指古德曼——引者）没有考虑到时间联系，并且 S 中所包含的这种陈述（对他）而言等价于导致悖论结果的后件（火柴是干的）的否定（就像他在 20 页所解释的）。[2]

与帕里不同的是，科瑞用"短暂的时间间隔"来精致"简单的覆盖律则"：

事实上，我把定律与事件的摹状添加到普遍的因果模式中，在开始的短暂间隔，火柴是干燥的、氧气是充足的，等等，并且火柴被摩擦了；这些条件继续在本质上保持不变，在这个间隔的最后部分，火柴被点燃了。[3]

但是，在某些反事实语句中，前件提到的情况会与时间同时发生，所以，时间因素不能有效地排除实际没有出现的事情，并以此作为条件不相关的依据。例如，如果我们在一定条件下对一根铁棍进行加热，使它的温度持续升高，这根铁棍会在达到一定温度时颜色发红，那么如果我们在另外的时间、以相同的条件对几根相同的铁棍进行加热，那么它们会在相同的时间发红，不会差之毫厘。因此，帕里和科瑞的解决方案是存在问题的。

（3）为了解决帕里和科瑞所面临的难题，斯隆（Michael Slote）进一步地精致了这条进路，他的解释基本上利用了帕里、科瑞等人的直觉，但又有所不同。与其他人不同的是，斯隆利用了"时间基础"（base-time）

---

[1] Parry, W. T. (1957) Reexamination of the problem of counterfactual conditionals, Journal of Philosophy, vol, 54：87.
[2] Cooley, J. C. (1957) Professor Goodman's Fact, Fiction, & Forecast', vol. 71：298.
[3] Ibid.

这个概念来精致"简单的覆盖律则":

> 一个具有时态"would"的反事实条件句是真的当且仅当:(1)它的后件可以由它的前件自然地衍推;或者(2)存在具有时间基础特征的条件 b,与它的前件缺乏一种关系,它在时间基础所获得内容很自然地与前件相容,这种情况下存在一个依据前件和/或 b 加上非统计的(因果)定律的有效(单独)后件解释。[1]

斯隆的解决方案诉诸于某种优先性或者是不对称性,从上述表述不难发现,斯隆所指的反事实条件句时间基础是条件句前件和产生后件的定律所获得相关因素的时间,时间基础包括火柴的实际干燥,但不包括时间基础后实际上没有点燃的时间,这种情况实际上内含着一种优先性或者不对称性,即优先考虑时间基础时的火柴状况,而没有考虑时间基础后火柴没有点燃的时间。因此,斯隆解决方案中内含的不对称性或者优先性本身是难以理解的。综合上述分析,我们对用时间因素来解决"相关条件"难题得出如下观点,我们认为定律很难指示相关性,并且单纯依据时间来定义相关性也是困难的。也就是说如果我们依据反事实条件句来说明这种解释"简单覆盖律则"的方向,那么我们的理论会陷入一种循环的困境。如果我们不依据循环来解释"简单的覆盖律则",那么我们只能按照我们解释思路来说明条件句,而解释在说明条件句中的作用仅仅是假定问题正确,而不是问题的最初出发点。

(4)为了解决上述难题,有些学者以另外的视角来看待"相关条件难题"。从古德曼的表述看,古德曼所提出的火柴的例子是因果性的,但他并没有规定"由定律所导致"的语词应该理解为只对因果律进行重新限制,正是基于这一点,科维(Igal Kvart)提出了与帕里、科瑞和斯隆等人不同的解释思路,科维借助于因果相关的概念来解决"相关条件难题",即用因果不相关和纯粹的正因果相关概念对"简单的覆盖律则"进行辩护。在科维的解决方案中,因果相关和不相关不是初始概念,他只是把它们定义为概然性的,他用符号"$-L\rightarrow$"表示使用自然律 L 进行的衍推,他认为:

---

[1] Slote, M. A. (1978) Time in Counterfactuals, Philosophical Review, vol. 87: 17-18.

一个反事实条件句 A > B（n. d 类型①）是真的当且仅当

$$\{A\} \cup W_A \cup \left\{ \begin{array}{l} 在（t_A, t_B）中描述事件 A 的（非似律）真 \\ 语句或者因果不相干或者纯粹的正因果相关 \end{array} \right\} - L \rightarrow B$$

（W_A 是 t_A 的世界的前史）②

（5）有些明显可接受的反事实条件句没有涉及因果性，也没有涉及因果律。正是基于这个原因，2003 年，贝内特（Jonathan Bennett）尝试对上述两种思想进行改良，与其他人不同的是，本内特借助了"简单命题"（simple propositions）这一概念：

A > C 是真的 ≡ C 是由（A & 定律 & 支持）所衍推出来的，这里的支持是一个真的合取，其（1）不是通过 ¬A 的真而因果为真并且（2）是简单地（simple）、坚固（strongly）地独立 A。③

贝内特认为条件（1）可以解决因果矛盾问题，条件（2）可以解决逻辑净化（cleaning）问题。④ 但是，贝内特的这种想法是一种形而上学的思想，而不是认知的思想，与可能世界进路相比，语言学进路的优势正是在于其认知的基础，因为一个理性的人认知真语句、因果律和逻辑衍推要比认知具有思考可能非现实世界的知识更容易，因此，我们认为贝内特的做法偏离了语言学进路核心。

第五节　条件句逻辑的可能世界进路思想

除了上一节讲到的语言学进路，反事实条件句还有一条进路，这条进路也是反事实条件句研究的主流，即可能世界进路。这条进路最早由 William Todd（1964）提出，后来得到斯塔尔纳克（Robert Stalaker）（1968）和 D. 刘易斯（David Lewis）（1973）发展，现在这条进路的研究者基本上

---

① "n. d 类型"是"nature divergence type"的缩写，科维选择这个名称的原因是想沿袭可能世界描述的思路：对于这种反事实条件句，相关于可能世界描述评价的可能世界描述将与所有从 t_A 开始的现实世界"相异"。
② Igal Kvart. (1992) Counterfactuals. Erkenntnis. Vol. 36：143 – 144.
③ Bennett, J. (2003). A Philosophical Guide to Conditionals, Oxford University Press：321.
④ Ibid.

追随上述两人的思想。这条进路的主要思想是借助于可能世界的观念来说明条件句。

可能世界思想来源于莱布尼兹,他认为一个必然真是在所有的可能世界都真。在 1943 年,C. I. Lewis 指出:

  一个命题包括相容的可想象的世界,这些世界组成了意谓事件的状态:一个莱布尼兹式的可能世界分类。这种可能世界的观点不是幼稚的:现实世界,就知道它的人而言,它仅仅是许多可能世界中的一个……当我对我不确定的事实数进行反思时,过多的可能世界会是这一个,对所有我所知道的而言,成为有的心虚……一个可分析的命题是它可以应用到所有可能世界,也就是所有为真的可能世界。①

在《意义与必然性》中,卡尔纳普认为一个必然真的语句是在每一个状态描述中都为真。所谓状态描述是指"包含原子语句或者它的否定的每一个命题,但是不同时包括这两者,并且没有其他的语句"一种语句类。卡尔纳普认为状态描述表征了莱布尼兹的可能世界思想或者维特根斯坦的可能事件状态的思想。模态逻辑的完全性又由 Kanger、克里普克、欣迪卡等人所证明,这也促进了可能世界的研究。

一 斯塔尔纳克的可能世界进路思想

斯塔尔纳克(Robert Stalnaker),出生于 1940 年,麻省理工学院的哲学院教授,美国艺术与科学院院士。他从 Wesleyan 大学获得了学士学位,1965 年在普林斯顿大学获得博士学位,他导师是斯图尔特·汉普郡(Stuart Hampshire),不过据说他受到卡尔·亨佩尔(Carl Hempel)的影响更多。斯塔尔纳克在耶鲁大学和伊利诺伊(Illinois)大学进行了简短的任教,然后在康奈尔大学哲学学院任教多年,后在 20 世纪 80 年代末加入麻省理工学院。2007 年,在英国牛津大学主讲约翰·洛克讲座,主题是"我们内部世界的知识"。他的研究兴趣主要集中在语用学、哲学逻辑、决策理论、博弈论、条件句理论、认识论和哲学思维的语义哲学基础,但是所有的这些研究都是围绕着解决意向性(intentionality)问题服务的——什么能代表言论和思想的世界。在他的著作中,他试图提供一个依据因果和模

---

① Lewis, C. I (1943) The modes of meaning, philosophy and phenomenological research, vol. 4, p. 243.

态概念的自然意向性说明。他是除克里普克（Saul Kripke）、刘易斯（David Lewis）和普兰丁格（Alvin Plantinga）以外的在可能世界语义学理论探索方面最具影响力的哲学家。根据他的可能世界观点，他认为可能世界是这个世界可能会发生的方式，进而才是这个世界可能会存在的极性，他的这种观点使得他有别于现实主义者刘易斯，他认为可能世界就像这个世界的具体实体。斯塔尔纳克用可能世界语义学来探索许多自然语言的语义方面的问题，包括反事实条件句和直陈条件句和预设。

在 1968 年的《一个条件句理论》中，提出了一个反事实条件句的形式可能世界语义学。斯塔尔纳克并没有考虑可断定性条件是否缺乏真值。他直接根据真来解释可断定性。斯塔尔纳克认为：

> 我们怎样才能决定我们是否相信一个条件句？难题在于完成信念条件到真值条件的传递；也就是对有条件句形式的语句找到真值条件集合，以解释为什么我们用于评价它们所使用的方法。可能世界的观点仅仅是我们要产生这种转变的载体，因为可能世界是假设信念储存的本体类似物。①

运用可能世界这一概念的真值条件集合，斯塔尔纳克提出了一个基于概念的对我们的说明：

> 考虑一个 A 为真的可能世界，其他的世界与现实世界稍微不同。"如果 A，那么 B"仅仅在 B 为真（假）的可能世界中是真（假）的。②

具体来说，斯塔尔纳克采用了与克里普克相同的可能世界语义学。他首先定义了一个模特结构，他令 M 为一个有序三元（K, R, λ），K 理解为所有可能世界的集合，R 是定义结构中的相关可能性的关系。如果 α 和 β 是可能世界（K 中的元），那么 αRβ 读作 β 相关于 α 是可能的。与克里普克不同的是，斯塔尔纳克借助于选择函数来刻画世界的最小修正。具体来说，就是把函数 f 指派到每一个世界 α 和句子 A 为一个世界 $f(A, α)$，

---

① Harper, W. L., Stalnaker, R., and Pearce, G. (eds). Ifs: Conditionals, Belief, Decision, Chance, and Time. Dordrecht: D. Reidel. 1981. pp. 44–45.
② Ibid., p. 45.

用来表示 α 的最小修正要求 A 是真的。这里 A > B 表示的是一个前件为 A、后件为 B 的条件句，斯塔尔纳克的理由详细说明：

A > B 在 α 中为真当且仅当 B 在 $f(A, α)$ 中为真。
A > B 在 α 中为假当且仅当 B 在 $f(A, α)$ 中为假。①

这样处理就使得条件句的语义内容要与一个最近世界的选择是相关的。同时，斯塔尔纳克还指出，这个选择函数要与符合以下条件：

（1）对于所有前件 A 和以 α 为基础的世界，A 在 $f(A, α)$ 必须为真。
（2）对于所有前件 A 和以 α 为基础的世界，要想 $f(A, α) = λ$，只有不存在任何相关于 A 为真的 α 可能世界。
（3）对于所有以 α 为基础的世界和所有前件 A，如果 A 在 α 中为真，那么 $f(A, α) = α$
（4）对于所有以 α 为基础的世界和所有前件 B 和 B'，如果 B 在 $f(B', α)$ 中为真，B' 在 $f(B, α)$ 中为真，那么 $f(B', α) = f(B, α)$ ②

在上述表述中，斯塔尔纳克提出了一些选择函数要符合的普通条件。另外，斯塔尔纳克还提出来一个形式系统 C_2，C_2 的初始连接词是普遍的 ⊃ 和 ~，（∨、& 和 ≡ 可以用它们来定义），条件句连接词用符号 >。模态和条件句概念可以依据下面的公式进行定义：

$□A =_{DF} \sim A > A$
$◊A =_{DF} \sim (A > \sim A)$
$A□B =_{DF} (A > B) \& (B > A)$ ③

斯塔尔纳克所提出的 C2 逻辑具有 7 条公理：

---

① Harper, W. L., Stalnaker, R., and Pearce, G. (eds). Ifs: Conditionals, Belief, Decision, Chance, and Time. Dordrecht: D. Reidel. 1981, p. 45.
② Ibid., p. 46.
③ Ibid., p. 47.

(a_1）任何重言合式公式都是公理
(a_2）□（A⊃B）⊃（□A⊃□B）
(a_3）□（A⊃B）⊃（A > B）
(a_4）◇A⊃·（A > B）⊃ ~（A > ~B）
(a_5）A >（B∨C）⊃·（A > B）∨（A > C）
(a_6）（A > B）⊃（A⊃B）
(a_7）A□B⊃·（A > C）⊃（B > C）①

为了发展条件句逻辑的形式语义学，斯塔尔纳克提出了两个假设（一个非空命题在某些可能世界为真，戴维·刘易斯把其称为限制假设和唯一假设）：

第一个假设是假定对于每一个可能世界 i 和非空命题 A，至少存在一个与 i 最小区别的 A 世界。第二个假设是假定对于每一个可能世界 i 和命题 A，至多存在一个与 i 最小区别的 A 世界。②

斯塔尔纳克完全意识到涉及信念储存的最小调节的类似原则是反实在的。当一种理想未能与现实相符时，逻辑把填满似真解释的空缺的尝试理想化。斯塔尔纳克认为：

按照这个形式系统，一个条件句的否定等价于一个前件相同后件相反的条件句（假如这个条件句的前件不是可能的）。也就是◇A—~（A > B）≡（A > ~B）③

其实，在当前的逻辑中，◇A—~（A > B）≡（A > ~B）这个公式是等价于条件句排中的——（A > B）∨（A > ~B）。在这种情况下，条件句排中类似于一般的非条件句的排中律：A∨~A。

当然，在斯塔尔纳克的理论中，两个可能世界之间的类似性和假设信念的储存不是完美的。两个不同的信念储存可以合之兼容的；但是两个不同的可能世界一定相互排斥：至少在一个世界中为真的情况，在另一个世

---

① Harper, W. L., Stalnaker, R., and Pearce, G. (eds). Ifs: Conditionals, Belief, Decision, Chance, and Time. Dordrecht: D. Reidel. 1981, p. 48.
② Ibid., p. 89.
③ Ibid., pp. 48 – 49.

界中不真。一般来说，给出任何可能世界和任何命题 B，B 或者在这个世界为真或者为假。另一方面，给出一个信念储存，也许储存中的信念既不衍推 B 也不衍推~B。

综上所述，斯塔尔纳克提出了解释直陈条件句和虚拟条件句的一般特征的另一个进路。他暗示说只要有人断定一个条件句，这个人就断定 C 在一些由选择函数挑选的 A 世界中是真的。他认为，在任何已知的语境中，存在一个每人想当然认为存在着的命题集合，它们被称为在所有命题为真的语境集合的那一类世界。语境中的世界是现实世界的候选，因为所有假设的命题在它们中都是真的。当有人断定一个条件句时，除非他另有所指，否则我们就有权利想当然地认为他正在使用从语境集合中挑选出一个世界的选择函数。按照这种可能世界进路，当有人断定条件句时，他就是在断定 C 在一个由他选择函数所决定的 A 世界是真的。在他看来，直陈条件句和虚拟条件句可以这样划界：在直陈条件句中，选择函数在一个语境集合中挑选一个世界，而在虚拟条件句中，选择函数则可以在语境集合外挑选一个世界。[①] 通过"可能世界"这个关键概念的使用，斯塔尔纳克提出了一个从认识论到形而上学的转换。尽管，我们将在下面看到，斯塔尔纳克提出的转换等价于一个主题（theme）的改变。拉姆齐认为条件句不是真值承担者，但是条件句有确切的可接受性情况。一个更加忠实表现拉姆齐观念的思想（条件句不承担真值）也能导致一个精确的逻辑和语义分析。但这种条件句思想与斯塔尔纳克提出的本体论条件句思想有着不同的结构特性。

二 戴维·刘易斯的可能世界进路思想

戴维·刘易斯（David Lewis）（1941 年 9 月 28 日—2001 年 10 月 14 日），美国哲学家。D. 刘易斯（1940—2001），普林斯顿大学的哲学教授，出生于俄亥俄州奥柏林，曾就读于 Swarthmore 学院，研究化学以及哲学，后就读于哈佛大学，1967 年，在蒯因（Willard Van Orman Quine）的指导下，完成了他的博士论文。他在加州大学洛杉矶分校有过短暂的教学经历后，在 1970 进入普林斯顿大学任教直到去世，他还与澳大利亚哲学界保持着紧密的联系。戴维·刘易斯是二十世纪最重要的哲学家之一，他对语言哲学、数学哲学、科学哲学、决策论、认识论、元伦理学与美学都作出

[①] Stalnaker, R. (1991) "Indicative Conditionals", in F. Jackson (ed.) *Conditionals*, (Oxford Readings in Philosophy), Oxford: Oxford University Press, pp. 136 – 155.

了重大的贡献。

戴维·刘易斯的可能世界语义学思想主要是为了解释反事实条件句，反事实条件句理论对他的形而上学思想的构建是很重要的，同时，戴维·刘易斯关于精神概念的界定要么直接依据反事实，要么依据反事实定义的概念。戴维·刘易斯对反事实条件句的分析主要是根据可能世界理论。戴维·刘易斯认为：

> 反事实条件句是出了名的模糊，但是这并不妨碍我们给出其真值条件的清晰说明。但这意味着这种说明或者一定用模糊的术语来陈述（这不意味着这些术语不能理解）或者一定由某些相关的参数完成，而这些参数只是根据已知语言所使用时机的大概限制来固定的。①

这说明戴维·刘易斯认为反事实条件句是有真值条件的，这一点和古德曼是一致的。与古德曼不同的是，我们知道，关于反事实条件句的思想，到19世纪中期，其传统理论来自于古德曼，古德曼认为反事实条件句是一种特殊的严格条件句的变形。而戴维·刘易斯对此却持有不同的看法，他认为前件加强对一个严格条件句是有效的，而对反事实条件句却不是有效的：

> 如果两个相邻的反事实条件句都是真的，那么按照这个理论，第二个就是虚真的（vacuously true）。所以，所有的这些都超越了它。回到开始：如果 ψ 在每一个可及的 $\varphi 1$ 世界中都为真，而 $\sim \psi$ 在每一个可及的（$\varphi 1 \& \varphi 2$）世界中都为真——没有任何可及的（$\varphi 1 \& \varphi 2 \& \varphi 3$）世界，也没有……那么如果下级的反事实条件句为真，那么这和它们的后件无关：如果一个严格条件句是虚真的，那么结果是由于任何其他都具有相同的前件。从如果奥托回来后，它会变得活泼，和如果奥托和安娜回来，它会变得沉闷的前提，得出如果奥托和安娜回来那么母牛会调到月球上去的结论。既然没有这样的结论，所以反事实条件句不是一个严格条件句。②

因此，我们可以发现，戴维·刘易斯认为反事实条件句不是古德曼所

---

① David Lewis, (1973), Counterfactuals, Basil Blackwell, p. 1.
② Ibid., p. 11.

说的严格条件句,而是具有比严格条件句更为宽泛的内涵,对于这个问题,戴维·刘易斯提出了一个新的界定,他把它称为变异的严格条件句(variably strict conditionals):

> 反事实条件句就像基于世界相似的严格条件句,但这并不是说它们是多么的严格。……因而,我认为反事实条件句不是严格条件句,而是一种我将称为变异的严格条件句。任何特定的反事实条件句在一定范围内是严格的,它必须避免空集和更不严格。①

与斯塔尔纳克一样,戴维·刘易斯的反事实条件句思想与他的可能世界思想是紧密相关的,尽管与斯塔尔纳克的条件句理论类似但却有明显区别。有意思的是,戴维·刘易斯的可能世界进路是在对斯塔尔纳克的可能世界理论进行批判的基础上建立起来的。其中,戴维·刘易斯并不同意斯塔尔纳克的存在"最接近的可能世界"的思路,他把斯塔尔纳克的这种思路称为限制预设:

> 对于每一个世界i和容纳在i中前件φ,存在一个最小的允许φ的范围的预设,我称之为限制预设。在这个假设中我们使允许前件范围的越来越小,它所包含的前件世界就越来越接近于i,最终我们得到这样一个限制:最小的前件允许的范围,在它最接近i的前件世界里。②

戴维·刘易斯认为借助于限制预设,斯塔尔纳克就很容易直接公式化他的真值条件:

> 在限制预设下,我们可以更加简单地得到反事实条件句的真值条件:一个反事实条件句在i中为真当且仅当或者(1)不存在环绕i的前件允许范围,或者(2)后件在环绕i的最小的前件允许范围内的每个前件世界中成立。简而言之:一个反事实条件句在i中为真当且仅当后件在每一个最接近i的前件世界中成立③

---

① David Lewis, (1973), Counterfactuals, Basil Blackwell, p.13.
② Ibid., p.20.
③ Ibid.

这里，前件是不可能的，如果存在一个唯一的最接近的前件世界，那么刘易斯的分析就与斯塔尔纳克的分析一致。然而，如果存在联系，刘易斯的分析仅仅在每一个最接近前件世界是后件世界的这种情况中，使得 A□→C 为真。我们是很容易看到的，"斯塔尔纳克预设"蕴涵"限制假设"，而"限制假设"并不蕴涵"斯塔尔纳克预设"。

对于这个问题，在《反事实和可比较的可能性》（1972）中，戴维·刘易斯明确认为斯塔尔纳克的反事实条件句思想是有问题的：

不幸的是，分析1（指斯塔尔纳克的反事实条件句思想——笔者）完全取决于一个不似真的假定：绝不会存在唯一的最近前件世界。①

对此，戴维·刘易斯进行了分析，他提出了例子：

A 是 Bizet［法国作曲家（1838—1875）］和 Verdi［意大利歌剧作曲家（1813—1901）］是同胞。F 是 Bizet 和 Verdi 是意大利人，I 是 Bizet 和 Verdi 是法国人。基于论证的原因，我们有最接近的 F 世界和最接近的 I 世界；这是有区别的（在现实生活中，两个公民身份完全是不同的），这就在最接近 A 的世界的最终竞争中出现了两个竞争者……这意谓着不存在最接近 A 的世界。②

戴维·刘易斯用相似性和可能世界等术语来公式化反事实条件句的真值条件，符号 A□→C 表示反事实条件句"假如 A 成立，那么 C 会成立"（If it were the case that A, then it would be the case that C）。戴维·刘易斯认为如果 A，那么会 C（用符号表示为 A□→C）是真的，当且仅当某些 A、C 都真的世界比任何 A 真、C 假的世界更加相似于我们的现实世界。当然，刘易斯的上述观点严重依赖于相似性的概念。他用"可比较相似性系统"来描述这种相似性：

在这个系统中，j、i、k 表示世界，j≤$_i$k 表示世界 j 与世界 i 的相似性至少与世界 k 一样。j<$_i$k 则被定义为并非 k≤$_i$j，意指 j 比 k 更相

---

① Harper, W. L., Stalnaker, R., and Pearce, G. (eds). Ifs: Conditionals, Belief, Decision, Chance, and Time. Dordrecht: D. Reidel. 1981, p. 60.
② Ibid., pp. 60-61.

似于 i。我们可以假设为每个世界 i 两个项的赋值：≤i 是世界间的二元关系，当做基于对 i 的可比较相似性的世界间的序，世界集合 S_i 表示 i 可及的世界集合。① 一个满足上述要求的系统要满足以下条件：

1. 关系 ≤i 表示传递性，也就是如果 $j≤_i k$ 且 $k≤_i h$，那么 $j≤_i h$。

2. 关系 ≤i 表示强连通（strongly connected），也就是对于任意世界 j 和 k，或者 $j≤_i k$ 或者 $k≤_i j$。（等价于如果 $j≤_i k$，那么 $j≤_i k$）

3. 世界 i 是自己可及的，即 $i∈S_i$。

4. 世界 i 是严格的 ≤i 最小值，也就是对任意不同于世界 j 的世界 i，$i<_i j$。

5. 不可及世界是 ≤i 最大值，即如果 k 不属于 S_i，那么对任意世界 j 而言，$j≤_i k$。

6. 可及世界比不可及世界更加相似于 i：如果 j 属于 S_i 并且 k 不属于 S_i，那么 $j<_i k$。②

综上所述，戴维·刘易斯借助于可能世界语义学思想解释反事实条件句，认为反事实条件句是有真值条件的，戴维·刘易斯用相似性和可能世界等术语来公式化反事实条件句的真值条件，认为如果 A，那么会 C"（用符号表示为 A□→C）是真的，当且仅当某些 A、C 都真的世界比任何 A 真、C 假的世界更加相似于我们的现实世界。当然，在戴维·刘易斯出版《反事实》（1973）后不久，有些哲学家就认为刘易斯的这种最初设想是存在问题的，如法恩（Kit Fine）、本内特等人，他们认为我们不能把相似性关系作为全面相似性的直觉判断的基础。在《反事实独立和时间箭头》中，刘易斯对这些批评做出了回应。首先，刘易斯指出，与相对于特殊事实问题的相似性比较，相对于依附于现实自然律的相似性更加重要。但刘易斯又认为，我们不应该认为它是不变的。如果现实律是确定性的（deterministic），那么任何反事实条件句都会有不同于现实世界的历史和不同于现实世界的未来。所以，我们不得不承认小的奇迹（miracle）以保证与相对于特殊问题的事实相匹配，这种奇迹以难以察觉的方式隔离了自然律的违背。③

---

① David Lewis, (1973), Counterfactuals, Basil Blackwell, p. 48.
② Ibid.
③ 具体内容参见 David Lewis, (1979), Counterfactual Dependence and Time's Arrow, *Nous* Vol. 13, pp. 455 – 476.

三 条件句逻辑可能世界进路思想的新发展

可能世界进路在当代也有些成果出现,其主要围绕直陈条件句与反事实条件句以及如何确定一个为真的世界等概念展开,对于如何确定一个为真的世界,相关的争论还是很激烈的。

(1)"Y"型分析

可能世界进路认为人们与现实世界或者赋值世界的相似的可能世界之间存在某种顺序函数或选择函数,在一个已知的赋值世界,虚拟条件句的真值取决于封闭世界中后件的真假,或者取决于赋值世界(前件为真)的世界。人们发现,按照可能世界进路可以成功地分析或解读虚拟条件句。于是,人们很自然地希望这条进路也能处理直陈条件句。因此,有学者就认为,可能世界进路是既能概括归结直陈条件句和虚拟条件句的一般特征又能解释这两种条件句的不同或分歧的条件句分析,也就是说这两种条件句之间既有区别又有联系。Jonathan Bennett(2003)把这种分析形象地称为"Y"型分析,[①]("Y"上方的分叉可以看作是两种条件句之间的区别,"Y"下面的一竖则可以看作两种条件句之间的共性)。Wayne Davis 和 Robert Stalnaker 分别给出了以下的说明。

(2)干预进路

这条进路的核心内容在于"最小手术"的概念,这个概念学界现在通常称为干预。表征干预依次预设了通过 DAG(Directed Acyclic Graph),因果联系的表征图表使用。当前大多数的因果理论都依赖于 DAG 的使用。有三本书详细讨论了源于 Pearl 的反事实条件句的分析框架,分别是 Spirtes, Glymour, and Scheines(2001)、Pearl(2000)和 Woodward(2005)。[②] 从形式逻辑的视角看,Pearl 的著作与刘易斯的条件句等级的公理化相比,其提出了一个更加综合的分析。但是,就像 Golszmidt 和 Pearl(1996)[③] 所指出的,在这个领域存在一些众所周知的难题。Golszmidt 和 Pearl 推测了由 DAG 限制范围系统的完全特性,并且提供了 DAG 中所提及

[①] Bennett, J. (2003). A Philosophical Guide to Conditionals, Oxford University Press. 45.

[②] Spirtes, P. and C. Glymour, R. Scheines (2001) "Causation, Prediction, and Search", 2nd Edition, Cambridge, MA: MIT Press. Pearl, J. (2000) *Causality: Models, Reasoning, and Inference*, Cambridge University Press, Cambridge, England. Woodward, J. (2005) *Making Things Happen: A Theory of Causal Explanation* (Oxford Studies in the Philosophy of Science), New York: Oxford University Press.

[③] Goldszmidt. M. and J. Pearl (1996) "Qualitative Probabilities for Default Reasoning, Belief Revision and Causal Modelling", *Artificial Intelligence*, 84, No 1-2: 57-112.

的详细干预的一个特殊 Markov 公理。由于添加了依据 DAG 的第三个已知的表征水平，这超出了依据句法和语意的常用划分。

（3）最小改变理论

对于路易斯的 Bizet-Verdi 的例子，Van Fraassen（1974）[1] 使用了超值（supervaluation）的术语来辩护这个例子。他认为在实际操作中，我们不会依靠严格单独世界选择函数来评价条件句，相反，我们会考虑一些不同的方式来测度世界的相似性，每一个它的适当世界选择函数。每一个世界的选择函数提供了一种评价条件句的方式。Pollock（1976）[2] 也发展了一个用于条件句的最小改变语义理论，这种语义学事实上是一种典型的类选择函数语义学，有些学者也提出了和 Pollock 类似的思想，如 Blue（1981）[3] 就认为我们把虚拟条件句视为在目标语言的前件语言集合与目标语言的视作后件的另一个语句之间确定语义相关的元语言学语句。Veltman（1976）[4] 和 Kratzer（1979；1981）[5] 也提出了和 Pollock 类似的思想。

John Hawthorne[6]（2005）认为按照路易斯的反事实条件句语义学，A＞C 是真的当且仅当 C 在所有最接近的 A 世界为真。这就要求，要使一个反事实条件句为真，后件需要在前件为真的所有最接近世界为真的。然而，这个要求看上去太强了，尤其当我们考虑在量子机械世界画面下，在任何世界情况中，一定存在一个真实的、尽管很微小、但是会发生某些特别奇异事情的机遇。所以，存在一种担心，刘易斯的分析导致最普通的反事实条件句为假。

Pearl（2000）提出了新的解释思路，这条解释思路也是来自"Ramsey 测验"，与刘易斯的进路相比，这条进路认为反事实条件句不是基于预设世界间相似性的抽象概念，而是他们直接取决于产生这些世界的装置和它

---

[1] van Fraassen, B. C., (1974). Hidden variables in conditional logic. Theoria, 40: 176 – 190.
[2] J. Pollock (1976). Subjunctive Reasoning. Reidel, Dordrecht.
[3] N. A. Blue (1981). A metalinguistic interpretation of counterfactual conditionals. Journal of Philosophical, 10: 179 – 200.
[4] Veltman, F. (1976). "Prejudices, Presuppositions and the Theory of Conditionals," in J. Groenendijk & M. Stokhof (eds), Proceedings of the First Amsterdam Colloquium [Amsterdam Papers in Formal Grammar, Vol. 1], Centrale Interfaculteit, Universiteit van Amsterdam, pp. 248 – 281.
[5] Kratzer, A. (1979). "Conditional Necessity and Possibility," in U. Egli, and A. von Stechow (eds), Semantics from Different Points of View. Berlin: Springer, 117 – 147. Kratzer, A. (1981). "Partition and Revision: The Semantics of Counterfactuals," Journal of Philosophical Logic 10 201 – 216.
[6] John Hawthorne (2005), "Chance and Counterfactuals" in Philosophy and Phenomenological Research, vol. LXX: pp. 396 – 405.

们的不变性质。这条进路用最小外科原则（X = x）来替代刘易斯难以理解的"奇迹"，"最小外科原则"表征了对建立前件 X = x 而言，最小改变（对一个因果模型而言）的必然。因而不管什么时候需要，我们都可以把相似性和优先性读作虽然是事后的想法但是他们却没有进行基础分析的运算算子。①

（4）小改变理论

Åqvist（1973）② 提出了一个非常令人感兴趣的条件句分析，他认为在条件句中的条件句算子可以依据实质蕴涵和一些独特一元算子来定义，一个类选择函数可以恰当地挑选语句 φ 和世界 i，所有的 φ 世界是足够相似于 i，而不是仅仅是那些世界是最相似于 i。一个类似的思路由 Nute（1975 和 1980）③ 提出，但是 Nute 提出的语义学明显是一个类选择函数语义学的修正，其意图解释是不同的，即对类选择函数在模型中已知的这个角色，存在一个不同非形式解释，任何世界是更加相似于其本身，而不是其他的世界。Warmbrōd（1981）④ 提出了一个他称之为条件句的语用理论，这个理论基于世界的相似性，他认为我们用于评价条件句的世界集合不仅仅由特定条件句的前件决定，而是由出现在包含特定条件句中的交谈碎片的所有条件句的前件决定，因此，评价一个条件句常常与交谈的碎片相关，而不是隔离的。

（5）最大改变理论

Gabbay（1972）⑤ 提出了一种最大改变理论的条件句思想，这种思想类似于类选择函数，但是又与其不同，其模型是一个有序三元 <I, g [ ] >，I 和 [ ] 表示更早的模型，g 是一个赋值语句 φ 和 φ 函数，在 i 中的 I 是 I 中 g（φ, φ, i）的一个子集。在这个模型中，选择函数 g 把前件和后件视为论证。David Butcher（1978）⑥ 则证明 Gabbay 的猜测是假的。Fetzer 和 Nute

---

① Pearl, J.（2000）*Causality*: *Models, Reasoning, and Inference*, Cambridge University Press, Cambridge, England, p. 239.
② Lennart Åqvist（1973），'Modal Logic with Subjunctive Conditionals and Dispositional Predicates', this issue, pp. 1 – 76.
③ Nute, D.（1975）. "Counterfactuals and the Similarity of Words," *The Journal of Philosophy*, 72, 773 – 8. Nute, D.（1980）. *Topics in Conditional Logic*. Dordrecht: D. Reidel.
④ Warmbrōd.（1981）. Counterfactuals and substitution of equivalent antecedents. Journal of Philosophical Logic, 10（2），pp. 267 – 289.
⑤ D. M. Gabbay（1972）A general theory of the conditional in terms of a ternary operator. Theoria, 38: 97 – 104.
⑥ David Butcher（1978）. Subjunctive conditional modal logic. Ph. D. dissertation, Stanford.

(1979，1980)① 则提出了另一种最大改变理论，其目的不是分析一般的虚拟条件句，也不是在一般交谈中使用，而是系统的、法理或者一般条件句的分析，即在非常特殊科学调查环境使用的虚拟条件句的分析。这种观点随后被 Nute (1981)② 所发展。

（6）时间方向

还有一种思路是把条件句与时间联系在一起，尤其与分支时间结构联系在一起。这种思想是借助于添加具体时间来放大表针框架，并且利用这种额外表现力度来抽象用于评价本体条件句的最接近世界间关系。Cross 和 Nute (2001)③ 对这种观点提供了优秀的哲学评论。在 Wayne Davis 看来，虚拟条件句应恰当分析为：A > C 是真的，当且仅当一直到前件出现的时间为止，在最像现实世界的 A 世界中，C 是真的。我们通过一个例子来说明这个解释：假如布斯在 1865 年没有刺杀林肯，其他的人就会刺杀林肯。按照 Wayne Davis 的分析：当且仅当直到 1865 年林肯死亡为止，在最像现实世界的世界中，其他的人会刺杀林肯，这个条件句才是真的。Wayne Davis 把直陈条件句分析为：A→C 是真的，当且仅当依据所有的世界状态，在最像现实世界的 A 世界，C 是真的。让我们看同一个例子：如果布斯在 1865 年没有刺杀林肯，那么其他人刺杀了他。按照 Wayne Davis 的分析：当且仅当依据所有的世界状态，在与现实世界最接近的 A 世界，C 是真的，这个条件句才是真的。因此，Davis 的这种分析显然属于可能世界进路。原因是：为了确定条件句的真，你必须决定是否在与现实世界最接近的世界（依据所有世界状态的相似性）中，前件是真的，后件是真的。而在这种分析中，虚拟条件句和直陈条件句是存在差异的，因为在虚拟条件句中，你仅仅需要考虑直到前件出现的时间为止的最相似现实世界的世界，而在直陈条件句中，你需要考虑在任意时间的最相似于现实世界的世界。④

---

① Fetzer, J. H. and D. Nute, (19790, "Syntax, Semantics, and Ontology: A Probabilistic Causal Calculus", *Synthese*, 40: 453 - 495. Fetzer, J. H. and D. Nute, (1980), "A Probabilistic Causal Calulus: Conflicting Conceptions", *Synthese*, 44: 241 - 246.

② Nute, D. (1981). "Introduction," Journal of Philosophical Logic, 10, pp. 127 - 47.

③ Cross, C. and D. Nute (2001) "Conditional Logic", in *Handbook of Philosophical Logic*, volume IV (Revised Edition), D. Gabbay (ed.), Dordrecht: D. Reidel.

④ Davis, W. (1979) "Indicative and Subjunctive Conditionals", *Philosophical Review*, 88: 544 - 564.

第六节　条件句逻辑的概率进路思想

　　由于实质条件句进路会产生一些不符合人们直觉的怪论（paradoxes）。进入 19 世纪以后，逻辑学家们就已经看到了这种条件句思想所具有的缺陷和不足，但是，以牛顿力学为代表的确定性科学在当时如日中天，这种理论创造了给世界以精确描绘的方法，将整个宇宙看作是钟表一样精确的动力学系统。这种追求客观精确化的确定论思想对条件句研究的影响是巨大的。

　　在这种大的历史背景下，条件句的研究很难突破这种思维定势，只能囿于追求绝对精确化的领域内。但是，量子力学的出现扭转了这种局面，海森堡的测不准原理表明，获得严格精确的初值在原理上是不可能的。这意味着，不确定性是客观世界中的一种真实存在，是存在于宇宙间的基本要素，与人类是否无知没有关系。越来越多的科学家相信，不确定性是这个世界的魅力所在，只有不确定性本身才是确定的。概率所具有的本性使它与不确定性有着千丝万缕的内在联系。人们通常用不确定性来替换可能性，在一个确定的系统中，按照概率理论，人们可以用数字来表征这些可能性，因此，概率所具有的优势是明显的。

　　概率进路产生的原因在于由于把自然语言条件句作真值函项的解释会产生一些反直觉的情况，俗称"蕴涵怪论"，这使得人们有理由相信条件句不是真值函项性的，也就是条件句的真值是自然语言条件句的一个充分条件，但却不是一个必要条件，这就迫使人们不得不重新寻找一条更加适合刻画自然语言直陈条件句的进路。1960 年以后，更多的学者倾向于用概率来构造一种条件句的可断定性条件理论，因此，条件概率频繁出现在以概率为基础的条件句理论中，而条件概率是在某种（其他的）断言为真的假设下，断言某种断言为真的概率。概率进路的核心思想"条件句的概率＝条件概率"，最早由 Richard Jeffrey 提出，他在 1964 年的《如果》中就提出一个条件句的概率等于相应的条件概率的思想，他认为这个思想能阐明确证理论；然而，条件句逻辑的概率进路最出名的表述来自 Stalnaker（1970），因而，"条件句的概率＝条件概率"这个预设最初被命名为"Stalnaker 预设"，现在，Stalnaker 本人已经不再坚持这个假说，甚至已经提出了反对这个假说的有力论证；当今，这个预设是更多地与亚当斯的名字联系在一起，也就是这个预设的变异"亚当斯论题"。

一 拉姆齐的概率进路思想

在 20 世纪早期，学界一般认为把概率作为客观概率来解释，正是在这种历史背景下，主观概率走进了众多学者的视野，这其中就包括英国著名的学者弗兰克·拉姆齐，他主张用主观概率来解释概率，他认为概率实际上是对一个人（主体）的主观信念的测度。在《普遍命题与因果关系》中，拉姆齐提出了一种利用主观概率来解释条件句的思想，这种思想仅仅是一种框架，并没有具体的解释路径，以后的学者以这个解释思路为切入点，发展出很多条件句理论，其中，绝大部分都是用来解释直陈条件句的，学界也把这种由拉姆齐提出的解释条件句的思想称为"Ramsey 测验"。"Ramsey 测验"来源于一个与人们日常生活密切相关的现实问题：

> 现在，假设有一个人正处于以下情形：他面前有一块蛋糕，他认为吃这块蛋糕会使他肠胃不适，所以，他现在要决定是否吃它，同时假设我们考虑了他的行为并且认为其决定是错误的。现在，这个人的行为信念是如果他吃了这块蛋糕，会使他肠胃不适，根据我们上面的说明，我们可以把它视为一个实质蕴涵。在这个事情之前或之后，我们不能驳斥这个命题，因为，倘若这个人没有吃这块蛋糕，它就是真的，并且，在这个事情之前，我们没有任何理由认为他会吃这块蛋糕，在这个事情之后，我们知道他没有吃这块蛋糕。既然这个人认为自己没有犯任何错误，我们为什么还要与他争论或者指责他呢？
> 在这个事情之前，在一个完全清晰的情况下，我们与他的意见是不一致的：并不是他相信 p，我们相信非 p；**而是在已知 p 后，对 q 的信念度上，我们存在差异**；很明显，我们试图使他转变为我们的观点。（黑体是我们添加的——引者）但是，事后，我们都知道他没有吃这块蛋糕，他没有肠胃不适；我们之间的差异在于，他认为如果他吃这块蛋糕，那么他会肠胃不适，而我们认为，如果他吃这块蛋糕，那么他不会肠胃不适。但这是表面现象（prima facie），不是命题信念度的差异，对我们而言，对于全部事实我们都是一致的。①

---

① Ramsey, F. P., "General Propositions and Casuality," *Foundations: essays in philosophy, logic, mathematics, and economics / F. P. Ramsey*; edited by D. H. Mellor; (Atlantic Highlands, N. J. : Humanities Press, 1978), p. 143.

为了更好地表示自己的想法，拉姆齐在脚注 1 中对文中的黑体部分又作了进一步的解释：

> 如果有两个人在争论"如果 p 那么会 q 吗？"且他们对 p 是有怀疑的，那么他们是以 p 为假设，将该假设添加到他们的知识储备中并以此为基础来讨论 q；在某种意义上"如果 p，q"和"如果 p，非 q"是矛盾的。我们可以说他们是在已知 p 的情况下来确定他们对 q 的信念度。[1]

这就是"Ramsey 测验"的内容，关于这个思想的重要性，科斯塔（Horacio Arló-Costa）在《条件句逻辑》的开篇就指出：

> 确切地讲，尽管条件句的研究集中在最近的 50 年，但是这个论题却有着悠久的研究历史，最早可以追溯到古希腊的斯多噶学派。然而，当代大多数的研究条件句的理论都与出现在拉姆齐的 1929 年的一篇文章的脚注有关。从此，这段关于条件句的论述已经被众多学者解释，甚至是重复解释。[2]

拉姆齐描述了某人接受 p，并对他的其他信念作最小信念修正后，然后决定是不是接受 q 的问题，也就是说，拉姆齐这种思想是分步骤的，第一步是把你要测验的条件句的前件加入到主体的信念集合中，形成一个扩充的集合，第二步主体根据这个扩充的集合考虑是否接受这个条件句的后件。因此，"Ramsey 测验"的本质就是把条件句的问题转化为单独命题的问题。总的来说，拉姆齐的条件句思想具有两个显著的特点：

1. 从斯多噶学派以来，把条件句看作是真值函项的一直是条件句逻辑研究的一个核心思想。"Ramsey 测验"的一个重要特色是不再把自然语言条件句"如果…那么…"看作是真值函项的，看作是客观的，而是用概率值的大小来表示条件句的真值，拉姆齐把"主观概率"与条件句逻辑结合起来，开启了人们利用主观能动性来测度条件句的先河。

---

[1] Ramsey, F. P., "General Propositions and Casuality," *Foundations: essays in philosophy, logic, mathematics, and economics* / F. P. Ramsey; edited by D. H. Mellor; (Atlantic Highlands, N. J.: Humanties Press, 1978), p. 143.

[2] Horacio Arló-Costa. (2007) The Logic of Conditionals http://stanford.library.usyd.edu.au/entries.

2. "Ramsey 测验"的第二个部分是更加详细的描述了：在已知 p 的情况下来确定他们对 q 的信念度。"在已知 p 的情况下 q 的信念度"① 这个概念最早在拉姆齐的 1926 年的论文中出现，他的其中的一个"概率信念的基本法则"是：

（P 并且 Q）的信念度 = P 的信念度 × Q 相对于 P 的信念度

如果仅仅把"信念度"代替为"概率"，我们会得到一个著名的概率法则，这没有任何新奇，在条件句概率的基本法则中，这个法则早在 18 世纪就已经被标准化了，但是，在"Ramsey 测验"中，拉姆齐把"概率信念的基本法则"与条件句的判断结合在一起，这是一种对以往理论的突破。

二 斯塔尔纳克的概率进路思想

西方哲学对"本体"事物的研究始于古希腊时期，从古希腊的米利都学派开始，哲学家们就努力寻找万物的始基，后来发展为对 onta（本体、道）和 logos（逻各斯、言说、道）的探讨。巴门尼德通过对 onta（本体、道）的探讨，明确了找到 onta（本体、道）的正确方向和道路。本文的条件句研究进路的分类采用了 Horacio Arlo-Costa 的分类方法，Horacio Arlo-Costa 所指的本体条件句逻辑是指一个条件句要么是真的要么是假的，代表人物是斯塔尔纳克、J. Burgess 等。

斯塔尔纳克的本体条件句逻辑来源于上文中所述的"Ramsey 测验"，正如我们在上文中所分析的那样，拉姆齐试图用概率和信念来解释直陈条件句，对于这个问题，瑞斯切曾说：

> 人们应该进一步地认识到，不仅不存在一种可及如下问题回答的逻辑方式，即我们的信念如何被信念相反的预设的事实所重构，而且好像也不存在一种装置或者自动程序可以完成这个任务。
>
> 至少可以确定，最明显的一种装置类型规则也不会充当这种角色。
>
> 规则：把剩余的信念与绝对突变的极小值重构会与逻辑一致性相符。②

---

① 江天骥主编：《科学哲学名著选读》，武汉：湖北人民出版社 1988 年版，第 61 页。
② Rescher, N.（1964）Hypothetical Reasoning, Amsterdam, North-Holland：18.

在《一个条件句理论》（1968）这篇文章中，斯塔尔纳克借助于上文提到的"Ramsey 测验"思想，提出了一种新的条件句逻辑思想，用以判断一个条件句的可接受性，值得注意的是，斯塔尔纳克把"Ramsey 测验"理解为：

按照这个暗示，你的考虑……应该与一个简单想法（thought）试验相容：把前件（假设地）添加到你的知识（信念）储备，进而考虑是不是后件是真的。在这种情况下，你的条件句信念应该与你假设的后件信念是相同的。①

为了更好地解释这种思想，斯塔尔纳克接着对自己的想法进行了详尽的解释。为了更好操作，他把拉姆齐提出地"Ramsey 测验"思想分解为三步：

首先，把前件（假设地）添加到你的信念储备；其次，做出需要的调整以维持一致性（consistency）（不修改前件中的假设信念）；最后考虑是不是后件是真的。②

借助于这种理解，斯塔尔纳克运用概率来处理条件句，在《信念与概率》一文中，斯塔尔纳克提出了 C2 逻辑的第二个系统 P_2，为了更好地用概率来说明条件句，他提出了一个扩充概率函数（extended probability function），简称 epf：

(7) 一个扩充概率函数（epf）是对于任意函数 Pr，如果把有序合式公式对赋值为实数，那么对所有的合式公式 A、B、C、D 而言，它符合下面的六个条件：

(a) Pr (A, B) ≥ 0
(b) Pr (A, A) = 1
(c) 如果 Pr (~C, C) ≠ 1，那么 Pr (~A, C) = 1 − Pr (A, C)

---

① Harper, W. L., Stalnaker, R., and Pearce, G. (eds). Ifs: Conditionals, Belief, Decision, Chance, and Time. Dordrecht: D. Reidel. 1981, p. 43.
② Stalnaker, R. (1968) "A Theory of Conditionals," *Studies in Logical Theory*, *American Philosophical Quarterly*, Monograph: 2, 98 – 112.

(d) 如果 Pr（A, B）= Pr（B, A），那么 Pr（C, A）= Pr（C, B）

(e) Pr（A∧B, C）= Pr（B∧A, C）

(f) Pr（A∧B, C）= Pr（A, C）× Pr（B, A∧C）

(8) P_2 的解释是一个有序对 <v, Pr>，v 是真值赋值函数（tvf），Pr 是扩充概率函数（epf），对所有合式公式 A 和 B 而言，如果 Pr（A, B）= 1，那么 v（A⊃B）= 1。①

对于这个扩充概率函数，斯塔尔纳克认为：

> 扩充概率函数可以描述扩充的知识状态，扩充的知识状态不但包括知者有权相信必然命题程度的测度，而且也包括知者有权相信必然命题如果他知道一些事实上他不知道的事情的程度的测度。扩充概率函数所描述的不仅仅是一种知识状态，而且也描述了一个对每一个条件的假设地知识状态集合。例如，对所有合式公式 A 和一个固定合式公式 B 的 Pr（A, B）赋值集合描述如果知者知道 B，那么知者会知情的知识状态。②

在定义了扩充概率函数后，斯塔尔纳克尝试依据它来定义条件句概率的概念，一边得到一个条件句的概率等于相应地条件概率，也就是条件句命题（形如 A>B 的命题）的绝对概率一定等于后件关于前件的条件的条件句概率：

Pr（A>B）= Pr（B, A）③

通过这个公式，斯塔尔纳克就把条件句的逻辑与条件概率结合在了一起，这种思路可以说是对"Ramsey 测验"的一种解释。学界通常把这个公式称为"斯塔尔纳克预设"。但是，这个预设也遭到了很多学者的质疑，如戴维·刘易斯、Carlstrom-Hill、Alan Hájek 等人，到了后期，甚至斯塔尔纳克本人也对这个预设提出了质疑，其中，最主要的质疑来自戴维·刘易

---

① Harper, W. L. and Hooker, C. A. （eds）. Foundations of Probability Theory, Statistical Inference and Statistical Theories of Science, Volume 1. Dordrecht: D. Reidel. 1976, p. 114.
② Ibid., p. 115.
③ Ibid., p. 120.

斯的"平凡结果"①,(具体内容参见拙作《直陈条件句的逻辑哲学研究》中的第四章)。尽管这个预设受到了很多学者的质疑,但是,当前这个预设已经成为关于条件句逻辑的哲学基础辩论的丰富源泉,而且很多学者从这个预设出发,提出了新的条件句逻辑思想,下一节介绍的亚当斯的概率逻辑就是基于此出现的。

综上所述,我们认为斯塔尔纳克所提出的尝试用条件概率来解释条件句的想法是好的,也就是说他试图用"斯塔尔纳克预设"来阐明条件句的语义,"斯塔尔纳克预设"可以作为条件句真值情况说明的一个充分标准。但是确收到了"平凡结果"的质疑,令人遗憾的是,斯塔尔纳克并没有进一步地改进这种研究思路,而是完全抛弃了这种研究思路,但是,毋庸置疑的是,斯塔尔纳克的这种条件句思想对当代的条件句逻辑的发展提供了一种新的研究视角,在各种实质条件句进路与语言学进路的发展都面临巨大困难的情况下,这种条件句逻辑思想的出现,客观上促进了条件句逻辑的发展,尽管这种思想还存在不完善的地方,但是,这丝毫不会遮住它的光芒。

三 亚当斯的概率进路思想

亚当斯(Ernest W. Adams)(1926—2009),美国逻辑学家,1926年8月12日出生在洛杉矶的一个学术家庭,他的父亲和祖父都是教授。亚当斯本科就读于斯坦福大学电气工程专业,获得学士学位。1956年获得博士学位,他博士论文指导教师是被誉为"斯坦福大学文艺复兴式学者"的科学哲学家修珀斯(Patrick Suppes)先生,同年,他进入了美国加利福尼亚大学伯克利分校哲学系任教,直到他1991年退休。1958年,他和塔斯基(Alfred Tarski)开创了伯克利的逻辑和科学方法论的跨学科组织。亚当斯被学界所熟知源于他在条件句哲学领域的杰出工作,尤其是在语句与概率之间的关系(特别是条件句概率)。对于这一论题,他发表了许多重要的著作,其中最著名的是《条件句的逻辑》,这本书已被认为是"几乎独力地创造一个富有哲学探索的领域"。他的条件句理论在今天仍被学界认为是直陈条件句的主流观点。亚当斯是美国艺术与科学院成员,也是斯坦福研究中心的高级研究员,1965年,被授予国家科学基金会奖,1967年获得古根海姆(Guggenheim)奖。

---

① 所谓"平凡结果"是指一个条件句概率的特殊测度(条件句的概率是条件句概率)与满足简单命题的概率基本定律不相容,也就是说"平凡结果"说明一个命题的概率不能用条件概率来测度。

亚当斯的概率条件句逻辑思想来源于"斯塔尔纳克预设",但是,这种条件句逻辑思想与斯塔尔纳克提出的概率条件句逻辑思想有着完全不同的结构特性,这种思想抛弃了斯塔尔纳克的真值条件假定,而把条件句看成是没有真值的。也就是说,亚当斯没有把一个条件句的概率作为它的真值的概率。此外,亚当斯的条件句概率与通常的概率演算不一致,按照亚当斯的观点,P(A→B)最好读作"B的断定,如果A",那么这个条件句断定可以依照P(B丨A)来断定。因此,亚当斯认为条件句不是命题,它没有真值条件并且无真值,其既不为真也不为假,而只表现为一个相应的概率值。支持这一观点的有 Allan Gibbard、Anthony Appiah、Dorothy Edgington、Jonathan Bennett 等人。

亚当斯认为一个条件句的概率可以由对应的条件概率给出,学界通常把这种思想称为"亚当斯论题":"对于一个非嵌套条件句 A→B,若 P(A)>0,就有 P(A→B)=P(B/A),否则 P(A→B)=1。"[①] 亚当斯(1965,1975)提出这个论题的意图是试图用"条件句概率=条件概率"这个等式来阐释条件句的语义,他认为条件句没有真值条件,因为他发现条件句的传统进路对条件句的阐释是不适当的,他认为概率与条件句存在联系,一个概率合理论证是前提概然而结论非概然是不可能的,他用这个论题来控制直陈条件句的概率赋值。这种概率逻辑是研究有效推理中概率传递的一种逻辑,如果把这种逻辑与直陈条件句结合在一起,就能有效规避违反人们直觉的怪论。亚当斯概率逻辑的提出开辟了把概率逻辑与条件句逻辑结合起来研究的全新道路。

亚当斯概率逻辑是关于有效推理中概率传递(或由此不传递)的研究的名称,这种思想最早在他 1965 年的《Inquiry》(第八卷)的《条件句逻辑》中提出,方法是把概率指派给条件句,然后用概率演算来揭示条件句概率关系,从而给出条件句的推理系统的概率语义。其核心思想是一个直陈条件句的推理是可靠的,当且仅当这个直陈条件句的前提是高概率的,结论也是高概率的。

在亚当斯的概率逻辑中,在本文中,我们用 P(x) 来命名命题 x 的客观的概率或主观的概率。那么,E∨L 的概率、~E 的概率、L 的概率就可以用 P(E∨L)、P(~E)、P(L) 来表示。用 P(L) < P(E∨L) 表示 L 的概率是比 E∨L 的概率低。我们知道,所有的概率理论的通用法则

[①] 罗·格勃尔:《哲学逻辑》,张清宇、陈慕泽等译,北京:中国人民大学出版社 2008 年版,第 431 页。

能从一个非常简单的公理集合中演绎出来,命名为科尔莫哥洛夫公理,它规定了概率和逻辑之间的基本关系。

我们从四个公理开始,对所有的公式 Ø 和 ψ
K1. $0 \leqslant P(Ø) \leqslant 1$
K2. 如果 Ø 是逻辑真,那么 $P(Ø) = 1$
K3. 如果 Ø 逻辑蕴涵 ψ,那么 $P(Ø) \leqslant P(ψ)$
K4. 如果 Ø 和 ψ 是逻辑不相容,那么 $P(Ø \vee ψ) = P(Ø) + P(ψ)$
由这四条公理,我们可以得到下面的一些定理:

定理1. $P(Ø) \leqslant P(Ø \vee ψ)$

定理2. $P(\sim Ø) = 1 - P(Ø)$

定理3. 如果 Ø 是逻辑假,那么 $P(Ø) = 0$

定理4. 如果 Ø 和 ψ 是逻辑等值,那么 $P(Ø) = P(ψ)$。

定理5. $P(Ø) + P(ψ) = P(Ø \& ψ) + P(Ø \vee ψ)$

定理6. 概率和定理。如果 $Ø_1 \cdots Ø_n$ 之间相互拒斥(任意两个之间逻辑上不相容),那么: $P(Ø_1 \vee \cdots \vee Ø_n) = P(Ø_1) + \cdots + P(Ø_n)$。

定理7. $P(Ø \& ψ) \geqslant P(Ø) + P(ψ) - 1$

定理8. 如果 $Ø_1 \vee \cdots \vee Ø_n$ 衍推出 Ø,并且 $P(Ø_1) = \cdots = P(Ø_n) = 1$,那么 $P(Ø) = 1$。如果他们衍推不出 Ø,那么存在一个概率函数 P,$P(Ø_1) = \cdots = P(Ø_n) = 1$,但是 $P(Ø) = 0$。

定理9 如果 φ 逻辑蕴涵 ψ,那么 $u(ψ) \leqslant u(φ)$,如果 φ 不逻辑蕴涵 ψ,那么存在一个不确定函数使得 $u(φ) = 0$,而 $u(ψ) = 1$

定理10 如果 φ 逻辑真,那么 $u(φ) = 0$,如果 φ 逻辑假,那么 $u(φ) = 1$

定理11 不确定和定理 $u(φ_1 \& \cdots \& φ_n) \leqslant u(φ_1) + \cdots + u(φ_n)$

定理11.2 $u(Ø_1 \& Ø_2) \leqslant u(Ø_1) + u(Ø_2)$

定理12 如果 $φ_1, \cdots, φ_n$ 逻辑不相容,那么 $u(φ_1) + \cdots + u(φ_n) \geqslant 1$ [1]

利用不确定性,Ernest W. Adams 进而提出了概率有效性的概念:"一个有效推理的结论的不确定性不能超过它的前提的不确定性的总和。"[2] 这也是亚当斯概率逻辑的核心思想,这个概念不但可以解释当前提是确定的时候,结果必须确定的,结论的不确定性不能大于这些 Ø 不确定性

---

[1] Adams, E. W. (1998). A Prime of Probability Logic, CSLI, Stanford University, Stanford, California, pp. 32 – 34.

[2] Ibid., p. 38.

(0 uncertainty) 的总和的问题，而且可以解释为什么前提只有很小的不确定性，却存在对结论的较大不确定性，特别地，如果每个前提都有不大于v的不确定性，那么其中必定至少有1/v个对结论而言有极大不确定性的问题。

概率有效性概念对结论的不确定性给出了界限，在有些情形下界限能够给出。如果省略一个前提而在其他前提不变时原来有效的推理不再有效，那么就可以说这个有效推理的那个前提是本质的。因此，亚当斯认为："假设 $\varphi_1, \cdots, \varphi_n$ 和 φ 分别是一个推论的前提和结论，$u_1, \cdots, u_n$ 为和不大于1的非负数。如果前提是兼容的，并且推论是有效的，在这种情况下，它的所有的前提都是本质的，如果我们省略掉其中的任何一个其推论就无效，那么存在一个不确定函数使得 $u(\varphi_i) = u_i$ ($i=1, \cdots, n$)，并且 $u(\varphi) = u_1 + \cdots + u_n$。"[1] 然而，结论中这种"最差情况"的不确定性可以通过引出它所导出的前提中的多余信息而减小，因为可以进一步表明，给定一个带有各种前提的有效推理，它衍推结论的不同子集，结论的不确定性不能大于最小总体不确定性的子集的总体的不确定性。一般来说，如果结论不能从这个集合的外部的前提中得出，那么这个前提的集合对一个推论是本质的。基于这种理解，亚当斯指出："一个有效推理前提的本质度（Degrees of essentialness）是属于这个前提最小本质集合的大小的倒数，如果它不属于最小本质集合，那么它的本质度为零。"也就是"如果 φ 是前提为 $\varphi_1, \cdots, \varphi_n$ 的有效推理，并且其本质度分别是 $e(\varphi_1), \cdots, e(\varphi_n)$，那么 $u(\varphi) \leq e(\varphi_1) \times u(\varphi_1) + \cdots + e(\varphi_n) \times u(\varphi_n)$。"[2]

尽管非真值条件进路的优点是明显的，但是，这条进路并不是完美的，它是一种比传统进路——实质条件句进路更弱的理论。因此，我们认为，就现在的情况来看，它很难完全取代传统的实质条件句进路，要完善这条进路，还有很长的路要走。第一，经典逻辑使用的或者真或者假的二值原则观念是绝对准确的，而在亚当斯的概率中，概率与非概率的思想并非如此，因而这种理论是产生歧义性的根源，而逻辑的本质在于有效性。第二，非真值条件进路的一个基本要求是要否认直陈条件句表述命题，认为直陈条件句是非真值条件的，直陈条件句无真值。第三，亚当斯论题把条件句视为认知的，因为言说者的概率函数反映了他的知识状态：知识的

---

[1] Adams, E. W. (1998). A Prime of Probability Logic, CSLI, Stanford University, Stanford, California, p. 39.
[2] Ibid., p. 44.

增加传递修正言说者的概率赋值。第四,从哲学层面看,条件概率与信念修正模型、决策模型、确证分析以及因果关系有着一定的联系。第五,这条进路依赖于人们的条件概率的判断,这好像很好地符合这个事实:当人们说一个条件句时,言说者和听者都不知道前件的真值或者后件的真值,我们达到这一点是借助于前件成立的情况来判断后件的概率,但是,这种判断与我们由传统进路——实质条件句给出的判断完全冲突。但是,尽管非真值条件进路也遇到了一些麻烦,但我们认为非真值条件进路仍然有着积极的意义。因为这条进路不但能合理地解释蕴涵怪论,而且还能更好地反映人们的直觉;同时,这条进路注意到条件句的概率与条件概率的相似性,创造性地提出了把直陈条件句与主观概率结合的新进路;另外,它拓展了经典逻辑的演绎有效性概念,把概率有效性概念纳入逻辑学的研究范围,开拓了逻辑研究的新视野,为逻辑学的发展和创新提供了更广泛的可能性。但我们也认为其把实质条件句进路进行全盘否定的做法是值得商榷的,客观上讲,这种处理确实有点矫枉过正之嫌。

四 条件句逻辑概率进路思想的新发展

对于能规避蕴涵怪论的概率进路的核心——条件句的概率等于相应的条件概率的问题,人们认为它是合理的,其主要原因是由于存在以下理由支持这种观点:

(1)从直观上看,条件概率和条件句概率看起来是一样的。Bas van Fraassen 指出:"条件概率的英语陈述听起来确实像条件句的概率的陈述。如果我掷出一个偶数,它是 6,如果条件概率不是这种条件句的概率,那么,如果我掷出一个偶数,它是 6 的(条件)概率是什么呢?"[1] 显然,Bas van Fraassen 认为,条件概率就是条件句概率。在分析条件句的过程中,条件概率的可断定性与概率的可断定性是极其相似的,因此,对于条件句概率的断定来说,把条件句的概率分析为条件概率是一种最优的选择。

(2)Carlstrom-Hill 则在 David Lewis 证明的基础上,进一步论证了对元素 X,在进行每一个合法的概率赋值时,没有一个命题 X 使得:$P(X) = \pi(C \mid A)$,也就是,这样的赋值不满足概率逻辑公理。[2] Carlstrom-Hill 论证

---

[1] van Fraassen, Bas (1976): "Probabilities of Conditionals", in Harper and Hooker (eds.), *Foundations of Probability Theory, Statistical Inference and Statistical Theories of Science*, Vol. I, Reidel, 272 – 3.

[2] Carlstrom, I., and Hill, C. (1978). Review of E. Adams' *The Logic of Conditionals*, *Philosophy of Science*, 45, 155 – 8.

的结果与这个等式确实是不兼容,因此接受其中一个就要反对另一个。1994 年,Alan Hájek 进一步加强了 Carlstrom-Hill 论证。他区别了两种 A→C 可能与 A 和 A&C 相关的方式。(i) A→C 是 A 和 A&C 的一个布尔组合。(ii) A→C 不是 A 和 A&C 的一个布尔组合。Alan Hájek 认为,在每一种情况中,都能产生使这个等式为假的情况。① 在他看来,条件概率并不是两个命题之间的一种不变的关系,条件句概率不是条件概率。但是,Alan Hájek 的强化论证受到了 Bas van Fraassen 的挑战,他认为条件算子→相对于它的前件和后件是不随时间和人的因素而改变的。然而上面每一个证明都包含时间或人的因素的改变。这就意味着,如果 Bas van Fraassen 的观点是正确的,那么他的论题就会使等式免于 David Lewis 的"平凡结果"及其变异版本的攻击。但是斯塔尔纳克做出了一个论证,据说可以戳穿 Bas van Fraassen 对等式的辩护把戏。② 迄今为止,关于这个问题的争论远没有结束,有关这个问题的论证层出不穷地出现。但是我们认为其中有一点是毋庸置疑的,那就是"Ramsey 测验"是建立在"可接受性"条款上,很难去否定它;但是当它应用到一个关于条件句的"概率"命题时,对它的怀疑可能会增大。尽管非真值条件进路受到了人们的质疑,但这条进路是西方逻辑学界所广泛认可的一条进路。但是,不可否认,David Lewis 的"平凡结果"在这条进路的发展中扮演了极其重要的角色。

(3) 1980 年,Brian F. Chellas (1980) 提出了一种新的思想,这种新的条件句思想是存在一个已知一个命题和能产生替代单独命题的命题集合世界的函数,在许多方式下,我们可以解释这个命题的结果集合。Brian F. Chellas 把这种情况视为已知前件的必然命题。Brian F. Chellas 的这种观点来源于 Dana Scott (1970) 和 Richard Montague (1970) ③的思想。

依据 Chellas 的观点,我们可以引入最小条件模型 $\langle W, F, P \rangle$。这里 W 是初始点集合,F 是一个函数:$W \times 2^W \to 2^{2^W}$,P 是赋值。对已知条件句的真值条件如下:

(MC)

---

① Hájek, A. (1989). "Probabilities of Conditionals-Revisited," Journal of Philosophical Logic, 18, 423 – 8.
② Stalnaker, R., (1976). Letter to van Fraassen, in Foundation of Probability Theory, Statistical Inference, and Statistical of Science, vol. 1. ed. W. Harper and C. Hooker, Dordrecht: Reidel, 302 – 6.
③ Scott, D. (1970) "Advice in Modal Logic," K. Lambert (Ed.) Philosophical Problems in Logic, Dordrecht: D. Reidel, 143 – 73. Montague, R. (1970) "Universal Grammar", Theoria, 36: 373 – 98.

M, w ⊨ a > b 当且仅当 |b|M ∈ F (w, |a|M)

尽管在 Chellas 的模态逻辑书中所使用，但是这不是唯一的可能真值定义：

(MC)

M, w ⊨ a > bi 当且仅当存在 is Z ∈ F (w, |a|M) 和 Z ∈ |b|M

这两个定义是共存的。但是在 Patrick Girard (2006) 对后者的定义中，他们是不相容的。①

(4) 1981 年，J. Burgess 提出了一个更弱的系统 B，这个系统是包含 a > a，[(a > b) ∧ (a > c)] → [a > (b ∧ c)]、[(a > c) ∧ (b > c)] → [(b ∨ a) > c] 和 [(a > b) ∧ (b > a)] → [(a > c) ⟷ (b > c)] 的最小单调系统。J. Burgess 指出依据选择函数建立的语义学在系统 B 中不起作用，他借助于三重有序关系提出了一个不同的语义学。

定义：有序模型是指一个三倍的 M = <W, R, P> (在这里，W 表示一个非空世界集合，R 与 W 是一种三重关系，P 为赋值一个命题（世界集合）到每一个原子语句的经典赋值函数。) 我们用概念 |a|M 指示的真集合，即在 a 为真的模型世界集合。所以，条件句的真集合由下面的公式所决定：

对于 x ∈ W，我们建立的集合 Ix = {y : ∃z Rxyz ∨ Rxzy}. Then |a > b|^M 是所有世界 x ∈ W 的集合，以使得

∀y ∈ (Iz ∩ |A|^M) (∀z ∈ (Ix ∩ |A|^M) ¬ Rxzy) → y ∈ |B|^M。②

第七节　条件句逻辑的认知进路思想

认知是一个心理学的概念，一般指主体在日常的认识活动过程中，主体对感觉信号的接收、检测、转换、简约、合成、编码、储存、提取、重建直至达到概念的形成，从而完成判断和问题解决的信息加工处理，这一过程叫认知。把认知与条件句结合在一起进行研究的时间较其他条件句进路而言较晚，出现在 20 世纪的 70 年代，其中以加登福斯 (1978) 为代表，加登福斯的认知条件句理论与"Ramsey 测验"有着紧密的联系，他

---

① Chellas, B. F. (1980) *Modal Logic*: *An Introduction*, Cambridge: Cambridge University Press.
② 具体内容参见 Burgess, J. (1981) "Quick Completeness Proofs for Some Logics of Conditionals", Notre Dame Journal of Formal Logic, 22: 76–84.

主要关注非概率的条件句接受理论,与亚当斯的概率进路和斯塔尔纳克的概率进路有所不同。其主要的不同点在于加登福斯把"Ramsey 测验"视为是一个接受检验。

一 AGM 的认知进路思想

加登福斯(Björn Peter Gärdenfors),出生于 1949 年 9 月 21 日,是瑞典隆德(Lund)大学认知科学教授,也是一名瑞典皇家文学、历史和文物(Letters, History and Antiquities)科学院院士和 Gad Rausing 奖的获得者。1974 年从隆德大学获得博士学位,他的博士论文题目是《群体决策理论》。在国际上,他是瑞典最著名的哲学家之一,2009 年他被选为瑞典皇家科学院的成员。

梅金森(David Clement Makinson),澳大利亚人,数学逻辑学家,牛津大学哲学博士,博士学位指导教师是达米特,生于 1941 年 8 月 27 日,现生活在英国伦敦。1958 年,梅金森在悉尼大学开始了他的学术研究之路,他是伦敦经济学院的客座教授和法国国家科学研究中心及巴黎综合理工大学认知科学研究院的准会员,1980 年到 2001 年他曾在联合国教科文组织巴黎总部工作。梅金森的研究主要围绕信念修正、不确定推理和模态逻辑展开。在信念修正方面,他与阿列克西(Carlos Eduardc Alchourrón)和加登福斯合作构建了 AGM 理论。在模态逻辑等非经典的逻辑方面,他提出了如何通过调整最大相容集合的方法来建立完全性结果理论。1969 年,梅金森还第一个发现了缺省的具有有限模型性质的简单和自然命题逻辑。

阿列克西(Carlos Eduardo Alchourrón)(1931—1996 年),阿根廷布宜诺斯艾利斯大学哲学教授。

AGM[①]认为最简单和最著名的理论改变的形式有三种:一是理论的扩充。一个新的命题(定理)能与一个已知理论 A 相容,即指把 A 加入到理论集合后,这个扩充集合在逻辑后承中是封闭的。二是理论的收缩。命题 x 在理论 A 中被拒斥,当 A 是一个规范的代码时,这个过程在法律学者被称为 A 的 x 减损,这种问题的核心是确定哪一个命题连同 x 应被拒斥,以使得被收缩的理论在逻辑后承中是封闭的。三是理论理论修正。命题 x 与一个已知理论 A 不相容,即在这种要求下添加 A,以使得修正后的这个

[①] 在本文中,如果没有特别说明,AGM 特指加登福斯、梅金森和阿列克西三人。

理论相容并且逻辑后承是封闭的。[1] AGM 理论的基本框架如下：

在 A 为命题集合，一个人的信念可以由语句 A 的集合来表征，这个集合在逻辑后承 Cn 演算下是封闭的，即 A = Cn（A），为了通过语句 x 来缩小 A，A⊥x 是 A 的最大子集 B 的集合，并且 B⊬x，我们考虑不意指 x 的所有最大子集 A 的集合。γ 是关于命题 x 的函数，当 A⊥x 是非空时，γ（A⊥x）是一个 A⊥x 的非空子集，当 A⊥x 是空集时，γ（A⊥x）= {A}。基于 γ 的部分满足收缩 ∸ 由 A ∸ x = ∩γ（A⊥x）定义，在 x 是一个重言式的极限情况下，A ∸ x = A。对所有的 x 而言，如果 γ（A⊥x）= A⊥x，那么 ∸ 是充分满足收缩，也表示为 ~。如果当 A⊥x 非空时，γ（A⊥x）一直是一个单例，那么 ∸ 是一个最大选择收缩。添加信念到一个信念集合的运算有两个：A + x = Cn（A∪{x}）（扩张）和 A + x = Cn（（A + ¬x）∪{x}）（修正）。[2]

AGM 理论的基本收缩假定：

（∸1）当 A 为理论时，A ∸ x 是一个理论。
（∸2）A ∸ x ⊆ A
（∸3）如果 x ∉ Cn（A），那么 A ∸ x = A
（∸4）如果 x ∉ Cn（∅），那么 x ∉ Cn（A ∸ x）
（∸5）如果 Cn（x）= Cn（y），那么 A ∸ x = A ∸ y
（∸6）当 A 为理论时，A ⊆ Cn（（A ∸ x）∪{x}）[3]

AGM 理论的基本修正假定：

（+1）A + x 一直是理论
（+2）x ∈ A + x

---

[1] Alchourrón, C., Gärdenfors, P., and Makinson, D.（1985）. On the Logic of Theory Change: Partial Meet Contraction and Revision Functions, Journal of Symbolic Logic, 50: 510.

[2] 为了简洁，我们没有完全反映原文，本段内容是析出自 Alchourrón, C., Gärdenfors, P., and Makinson, D.（1985）. On the Logic of Theory Change: Partial Meet Contraction and Revision Functions, Journal of Symbolic Logic, 50: 512.

[3] Alchourrón, C., Gärdenfors, P., and Makinson, D.（1985）. On the Logic of Theory Change: Partial Meet Contraction and Revision Functions, Journal of Symbolic Logic, 50: 513.

(+3) 如果 $x \notin Cn(A)$，那么 $A + x = Cn(A \cup \{x\})$
(+4) 如果 $x \notin Cn(\emptyset)$，那么在 Cn 下 $A + x$ 是相容的
(+5) 如果 $Cn(x) = Cn(y)$，那么 $A + x = A + y$
(+6) $(A + x) \cap A = A + \neg A$[①]

AGM 理论的收缩补充假定与修正补充假定：

(+7) 对于任何理论 A，$A + (x \& y) \subseteq Cn((A + x) \cup \{y\})$

(+8) 对于任何理论 A 而言，如果 $\neg y \notin A + x$，则 $Cn((A + x) \cup \{y\}) \subseteq A + (x \& y)$

(−7) 对于任何理论 A，$(A \dotdiv x) \cap (A \dotdiv y) \subseteq A \dotdiv (x \& y)$

(−8) 对于任何理论 A 而言，如果 $x \notin A \dotdiv (x \& y)$，则 $A \dotdiv (x \& y) \subseteq A \dotdiv x$[②]

$\dotdiv$ 满足（−7）当且仅当它满足如下条件：

(−P) 对所有的 x 和 y 而言，$(A \dotdiv x) \cap Cn(x) \subseteq A \dotdiv (x \& y)$[③]

覆盖条件：

(−C) 对任意命题 x、y 而言，$A \dotdiv (x \& y) \subseteq A \dotdiv x$ 或者 $A \dotdiv (x \& y) \subseteq A \dotdiv y$[④]

关系收缩的部分满足收缩：

(γ7) 对所有的 x 和 y 而言，$\gamma(A \perp x \& y) \subseteq \gamma(A \perp x) \cup \gamma(A \perp y)$

(γ8) 当 $A \perp x \cap \gamma(A \perp x \& y) \neq \emptyset$ 时，$\gamma(A \perp x) \subseteq \gamma(A \perp$

[①] Alchourrón, C., Gärdenfors, P., and Makinson, D. (1985). On the Logic of Theory Change: Partial Meet Contraction and Revision Functions, Journal of Symbolic Logic, 50: 513.
[②] Ibid., 50: 515.
[③] Ibid., 50: 516.
[④] Ibid., 50: 517.

x & y) [1]

(γ7: ∞) 当 $A \perp x \subseteq \cup_{i \in I} \{A \perp y_i\}$ 时, $A \perp x \cap \cap_{i \in I} \{\gamma (A \perp y_i)\} \subseteq \gamma (A \perp x)$

(γ7: N) 当 $A \perp x \subseteq A \perp y_1 \cup \cdots \cup A \perp y_n$, $n \geq 1$ 时, $A \perp x \cap \gamma (A \perp y_1) \cap \gamma (A \perp y_2) \subseteq \gamma (A \perp x)$

(γ7: 2) 当 $A \perp x \subseteq A \perp y_1 \cup A \perp y_2$ 时, $A \perp x \cap \gamma (A \perp y_1) \cap \gamma (A \perp y_2) \subseteq \gamma (A \perp x)$

(γ7: 1) 当 $A \perp x \subseteq A \perp y$ 时, $A \perp x \cap \gamma (A \perp y) \subseteq \gamma (A \perp x)$ [2]

最大选择收缩函数和 A ∸ (x&y) 的因素条件:

(∸F) 对任意理论 A, 如果 $y \in A$ 并且 $y \notin A \dotminus x$, 那么 $\neg y \lor x \in A \dotminus x$

(+F) 对任意理论 A, 如果 $y \in A$ 并且 $y \notin A + x$, 那么 $\neg y \in A + x$ [3]

(∸Q) 对所有 y, $z \in A$ 并且对所有 x, 如果 $y \lor z \in A \dotminus x$, 那么或者 $y \in A \dotminus x$ 或者 $z \in A \dotminus x$

(∸D) 对所有 x 和 y, $A \dotminus (x \& y) = A \dotminus x$ 或者 $A \dotminus (x \& y) = A \dotminus y$

(∸I) 对 A 中的所有 x 和 y, $A \dotminus (x \& y) = A \dotminus x \cap A \dotminus y$.

(∸V) 对所有 x 和 y, $A \dotminus (x \& y) = A \dotminus x$ 或者 $A \dotminus (x \& y) = A \dotminus y$ 或者 $A \dotminus (x \& y) = A \dotminus x \cap A \dotminus y$.

(∸WD) 对所有 x 和 y, $A \dotminus x \subseteq A \dotminus x \& y$ 或者 $A \dotminus y \subseteq A \dotminus x \& y$.

(∸M) 对 $x \in A$, 如果 $x \vdash y$, 那么 $A \dotminus x \subseteq A \dotminus y$. [4]

AGM 认为上述公式之间的关系如下:[5]

---

[1] Alchourrón, C., Gärdenfors, P., and Makinson, D. (1985). On the Logic of Theory Change: Partial Meet Contraction and Revision Functions, Journal of Symbolic Logic, 50: 518.
[2] Ibid., 50: 521.
[3] Ibid., 50: 524.
[4] Ibid., 50: 525-526.
[5] Ibid., 50: 528.

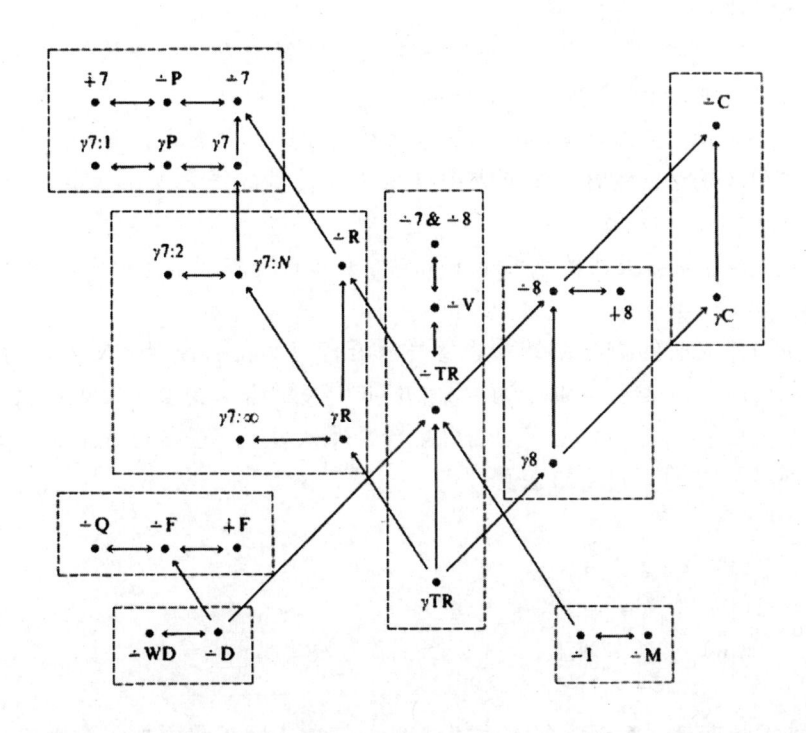

综上所述，AGM 理论借助于集合论来描述一个人的认知状态。认知输入，同时提出了三种理论改变的方式：理论扩充、理论收缩和理论修正，并把这三种理论改变的方式运用到信念改变中来，这种出来很明显可以进行简单、易用的技术处理，所以这种理论在计算机和人工智能领域具有很大的影响力。但是，我们知道集合论的结构是比较简单的，因此，以集合论为基础的理论一般都具有简单的特点，但是，这也带来了一些缺点，即无法描述更为细致的动态信念问题，如动态信念认知和知识的更新等。

二 加登福斯的认知进路思想

1988 年，加登福斯发展了认知类型语义理论，同时尝试用这个理论把"Ramsey 测验"形式化。在《知识流》（Knowledge in Flux）一书的开篇，加登福斯首先论述了认知逻辑要重点关注的要素，他认为构成认知逻辑理论的核心认知要素有以下几点：

在认知逻辑理论中，第一个，也是最基本的要素是认知状态或者信念状态模型类。预期解释是这种模型在确定的点的时间内，一个人知识和信念的表征。

在认知逻辑理论中，第二个要素是刻画包含在一个认知状态中不同信念元素地位的认知态度分类。

第三个要素是可以导致信念状态改变的认知输入的说明。这种输入可以视为经验的转移或者由其他个体提供的语言（或者其他符号）信息。

这里主要关注的第四个要素包括认知改变或者信念改变的分类。[1]

在加登福斯的信念系统中，L 表示语言，¬ 表示否定，& 表示合取，∨ 表示析取，→ 表示实质蕴涵，A、B 和 C 表示语句变项，⊥ 表示真，⊤ 表示假。如果 K 是一个相容的信念集合，那么对于任意语句 A 而言，只存在三种涉及 A 的不同认知态度：

(i) $A \in K$：接受 A
(ii) $\neg A \in K$：据斥 A
(iii) $A \notin K$ 并且 $\neg A \notin K$：不可决定 A[2]

加登福斯把 (i) 和 (ii) 称为扩展的变化，因为它添加一个新的信念（并且它的后承）到信念集合后是相容的，而没有减损任何的老信念。对于这种扩展，加登福斯认为，如果 K 是一个初始信念集，K_A^+ 表示添加 A 后的扩展集合 K，+ 表示信念集合与语句对的函数，也就是从 K×L 到信念集合，即 K，这种扩展可以表示为：

(K+1) K_A^+ 是一个信念集合
(K+2) $A \in K_A^+$
(K+3) $K \subseteq K_A^+$
(K+4) 如果 $A \in K$，那么 $K_A^+ = K$
(K+5) 如果 $K \subseteq H$，那么 $K_A^+ \subseteq H_A^+$
(K+6) 对于所有信念集合 K 和所有后承 A，K_A^+ 是满足 (K$^+$1) — (K$^+$5) 的最小信念集合。[3]

---

[1] Gärdenfors, P. (1988) *Knowledge in Flux*, Cambridge, MA: MIT Press: 8–9.
[2] Ibid., 47.
[3] Ibid., 49–51.

对于条件句，加登福斯指出：

我的目的不是对条件句命题提供真值条件，而是我想对不同类型的条件语句公式化一个可接受的标准。这些标准依据认知状态改变进行公式化。①

加登福斯对条件句进行了分类：

条件句的形式为"如果 A，那么会是 C"或者"如果 A，那么将是 C"，这里 A 与在已知信念状态 K 中已经接受的内容可以矛盾，也可以不矛盾。如果矛盾，我们把这种条件句称为反事实，其与情况称为开（open）条件句。②

加登福斯的认知语义学是基于"Ramsey 测验"的，按照这种语义学，"Ramsey 测验"可以表述为：

（RT）在信念状态 K 中接受一个形如"如果 A，那么 C"的语句，当且仅当 K 的最小改变需要接受 A 也需要接受 C。③

"Ramsey 测验"预设某些修正信念状态的方法，在已知信念修正的分析后，我们可以自然地把这个测验用更凝练的方式表示为：

（RT）$A > C \in K$ 当且仅当 $C \in K *_A$ ④

这里，这个公式预设了 A > C 形式的语句属于目标语言，它们可以视为信念修正模型中的信念集合因素。借助于（RT），加登福斯用"Ramsey 测验"把认知确认函数性质和 > 联系了起来。

对于反事实的逻辑，加登福斯认为"Ramsey 测验"精确公式化使得把某些标准的基础语义概念引入到发展条件句逻辑成为可能：

---

① Gärdenfors, P. (1988) *Knowledge in Flux*, Cambridge, MA: MIT Press: 147.
② Ibid.
③ Ibid.
④ Ibid., 148.

(Def Val) 在 L' 中，公式 A 在信念修正系统 < K，* > 中是可满足的，当且仅当存在某些 K∈K，使得 K≠K⊥ 并且 A∈K。公式 A 在系统 < K，* > 是有效的，当且仅当 ¬A 在系统中不满足。公式 A 是（逻辑）有效的当且仅当 A 在所有信念修正系统中有效。①

对于反事实的逻辑，加登福斯构造了一个系统，他称之为 CM：

公理框架：
(A1) 所有真值函项重言式
(A2) (A > B) & (A > C) → (A > B&C)
(A3) A > ⊤
(A4) A > A
(A5) (A > B) → (A→B)
(A6) A&B → (A > B)
(A7) (A > A) → (B > ¬A)
(A8) (A > B) & (B > A) → ((A > C) → (B > C))
(A9) (A > C) & (B > C) → (A∨B > C)
(A10) (A > B) & ¬(A > ¬C) → (A&C > B)
(A11) (A > B) ∨ (A > ¬B)

导出规则：
规则 1 MP 分离规则
规则 2 如果 B→C 是定理，那么 (A > B) → (A→C) 也是定理。
规则 3 如果 A→B 是定理，那么 A > B 也是定理。②

对于其他的条件句，加登福斯又分为三种情况：
一种是"即使"(even if) 条件句，形如"即使A…，B 会…"用符号 E 来表示条件算子 >；第二种是"可能"(might) 条件句，形如"如果 A…，那么 B 可能…"用符号 M 来表示条件算子 >；最后一种是"必然隐涵"(necessary implication) 条件句，形如"如果 A…，那么 B 必然…"，

---

① Gärdenfors, P. (1988) *Knowledge in Flux*, Cambridge, MA：MIT Press：148.
② Ibid., 149–151、153.

用符号"⇒"来表示条件算子 >。

对于"即使"(even if)条件句,加登福斯提出:

(Def E)(B E A) ↔ B &(A > B)
(RTE) B E A 在 K 中可接受,当且仅当在 K^-_A 中 B 可以接受。①

对于"可能"(might)条件句,加登福斯提出:

(RTM) B M A 在(相容)信念集合 K 中可接受,当且仅当 B 在 $K*_A$ 中不可接受。
(LM)(B M A) ↔ (A > B)②

对于"必然隐涵"(necessary implication)条件句,加登福斯提出:

(RTN)在信念系统 <K,*> 中,A⇒B 在信念集合 K 中可接受,当且仅当在 A 可接受的所有信念集合 <K,*> 可接受。③

综上所述,加登福斯发展了认知类型语义理论,他认为构成认知逻辑理论的核心认知要素认知状态、刻画包含在一个认知状态中不同信念元素地位的认知态度分类、信念状态改变的认知输入的说明和认知改变的分类。对于反事实的逻辑,加登福斯认为"Ramsey 测验"精确公式化使得把某些标准的基础语义概念引入到发展条件句逻辑成为可能,并构造出一个系统 CM。但是,加登福斯的理论也存在一些问题,事实上,加登福斯所提出的 RT 和三个信念改变的完全直觉假定是不相容的,而且 RT 也与更弱的认知确认函数约束相冲突,但是,在拉姆齐所提出的自己的"Ramsey 检验"中是不存在这一问题的,也就是说加登福斯把"Ramsey 检验"与其认知系统相结合的出发点是好的,但是,其对"Ramsey 检验"与其系统的结合中可能存在问题,对于这个问题,相关的学者提出了改进的方案。

---

① Gärdenfors, P. (1988) *Knowledge in Flux*, Cambridge, MA: MIT Press: 153.
② Ibid., 154.
③ Ibid., 156.

三 条件句逻辑认知进路思想的新发展

条件句逻辑认知进路在当代也有些成果出现，有些是为了解决加登福斯的认知系统存在的问题而展开的，其主要围绕认知、选择函数等概念，当然，令人感兴趣的是，认知进路除了应用到条件句逻辑中，最近的研究成果涉及到了完美信息和不完美信息间的不合作博弈中的主体具有的交互知识。

（1）Isaac Levi（1996）提出了一个并不依据选择函数的真值理论，而是依据接受条件的认识理论。主要的观点是：存在这样的一种假定形式，由于这个论证与当前信念集合无关而与一个共享协议（预设信息）的背景有关，这个命题被假设为真的。[1] 尽管 Isaac Levi 模型化了这个假定类型，但是他接受 Dudman 的观点而认为一致假定（consensus supposition）的类型完全与英语中的直陈语气的使用不相关。

L_0 是一个不含有模态和认知算子的布尔语言，集合 K 在 L_0 中语句的逻辑后承下封闭。X 在时间 T 的时候，其所接受的条件句可以适应"支持集合" s（K）∉ K，封闭在逻辑后承下的 s（K），如果语句 a ∈ L_0，那么它同时属于 s（K）也属于 K，那么，"Ramsey 测验"可以被表示为：

如果 a, b ∈ L_0，那么 a > b ∈ s（K）当且仅当 b ∈ K ∗ a，只要 K 是兼容的。[2]

（2）第二个含有条件句逻辑的关键工作的研究领域与表征完美信息和不完美信息间的不合作博弈中的主体具有的交互知识相关。就像诺贝尔奖学金获得者 Robert Aumann 在不同的著作中所澄清的，实质条件句与对分析博弈提供适当结构不同。Robert Aumann 指出：

> 例如下面这个语句："如果怀特向前移动兵，那么布莱克的后就会被捉住"。这个语句在实质条件句的意义中是成立的，因为怀特事实上不移动他的兵是充分的。在 substantive 的意义中，我们忽视了怀特的实际移动，并且想象他移动了兵。如果布莱克的后被捉住了，那

---

[1] Levi, I. (1996) For the Sake of the Argument: Ramsey Test Conditionals, Inductive Inference and Non-monotonic Reasoning. , Cambridge: Cambridge University Press.
[2] Levi, I. (1988) "Iteration of Conditionals and the Ramsey Test", *Synthese*, 76: 49–81.

么 substantive 条件句就是真的；如果没有被捉住，那么 substantive 条件句就是假的。

怀特并没有移动他的兵，我们仍然可以说"如果怀特移动了他的兵，那么布莱克的后会被捉住"。这是一个反事实条件句。要决定这个条件句是否成立。我们要像上面一样继续考虑：想象怀特移动兵了，并且看到是否他的后被捉住了。①

尽管我们对 Robert Aumann 所提出的借助于"忽视了怀特的移动"的确切意义不清楚，但是现在我们对这种分析是熟悉的。我们可以把其解释为 Levi 的做法，依据收缩所有关于当前移动的信息，并且能毫无问题的添加他移动兵的信息。

（3）Dov Samet（1996）提出了一个预设知识概念的具体模型，他利用提供认知模型以引入完全信息博弈。Dov Samet 认为：

在特定的分区结构中，信息的标准结构对策略思维建模是不够的。他们无法捕捉预设玩家使其知道的情况不会发生的内在结构。我们可以使用一个分区的结构扩展在细节上对这种预设进行建模。预设知识算子由扩展结构来定义，使其具有公理化的特征。我们可以论证扩展结构到完全信息博弈模型的使用。充分条件是来自玩家在博弈中使用逆向归纳法。②

（4）在 1982 年，Selten 和 Leopold 在《决策与博弈论中的反事实条件句》一文中，提出了一个概括的贝耶斯条件句理论，他认为：

反事实条件句出现在决策和博弈论中是很自然的。要看到某种行为是否是为最优，观察是否做出一些非最优选择出现的情形常常是必须，事实上，既然一个理性的决策者不会采取非最优选择，那么这种选择后果的测验必然涉及反事实条件句。③

---

① 具体内容参见 Aumann, R. (1995) "Backward Induction and Common Knowledge of Rationality", *Games and Economic Behavior*, 8: 6 – 19 第五部分。
② Samet, D. (1996). "Hypothetical Knowledge and Games with Perfect Information", *Games and Economic Behavior*, 17: 230.
③ Selten, R. and U. Leopold (1982) "Subjunctive Conditionals in Decision and Game Theory", in W. Stegmuller et al. (eds.) *Philosophy of Economics*. Berlin, Springer: 199.

（5）1998 年，在《虚拟条件句与意向偏好》一文中，Brian Skyrms 提出了一个依据选择函数的斯塔尔纳克式的理论，Brian Skyrms 认为：

> 在单主体和多主体的决策问题中，虚拟条件句是决策的理性基础。只有当他们引起问题时，他们才需要明确地分析这一问题，就像最近在延伸形式博弈对理性的讨论一样。本文研究在博弈论中使用一个严格意向偏好效用解释的虚拟条件句。研究了两种不同的博弈模型，古典模型和现实模型的限制。在经典模型中，反向归纳的逻辑是有效的，但是其不能用于虚拟条件句中，相干虚拟条件句甚至不会产生意义。在现实模型的限制中，虚拟条件句会产生意义，但反向归纳仅仅在特殊的假设是有效的。①

Skyrms（1994）② 把这个理论与亚当斯的条件句理论进行了比较。按照 Skyrms 的说法，这个理论致力于在分析完全信息博弈中使用。

---

① Skyrms, B. (1998) "Subjunctive Conditionals and Revealed Preference", *Philosophy of Science*, 65/4: 545.
② Skyrms, B. (1994) "Adams's Conditionals", In E. Eells and B. Skyrms (eds.) Probability and Conditionals: Belief Revision and Rational Decision, Cambridge: Cambridge University Press, pp. 13 – 27.

结　　语

　　自斯多噶学派以来，尽管中世纪的逻辑学家对此做出了很多的贡献，但条件句逻辑并没有得到长足的发展。二十世纪中期，随着现代形式逻辑的发展，出现了一大批有别于"实质蕴涵"理论的条件句逻辑，这些条件句理论从对条件句进行"实质蕴涵"的解释转向更加注重条件句的可断定条件和对应条件句两者之间是否匹配的问题。和历史上其它的条件句进路相比，这些条件句进路的思想极具理论价值，在条件句研究中占有重要的地位。从时间的视角看条件句逻辑史，条件句逻辑大体经历了如下几个阶段：

　　第一个阶段是指古希腊时期，代表是斯多噶学派，主要成果是费罗蕴涵和底奥多鲁的条件句思想，其中，费罗蕴涵类似于实质蕴涵，这种思想对近代的条件句思想影响是巨大的。

　　第二个阶段是中世纪阶段，这一阶段的条件句逻辑的研究从总体上来说并没有取得重大的突破，中世纪逻辑学家仅仅是把蕴涵和条件命题看成同一的，而且一般都表示为不可能前件真而后件假。

　　第三个阶段是近代阶段，这一阶段的代表人物是弗雷格和皮尔士，其提出了基于"费罗蕴涵"的实质蕴涵的观点后，按照这种观点，一个实质条件句 $A \supset C$ 逻辑等价于 $\neg A \vee C$ 或者 $\neg (A \wedge \neg C)$。但是，会出现违反人们直觉的实质蕴涵怪论。

　　第四个阶段是现代阶段，这一时期也是条件句逻辑蓬勃发展的阶段，其发展的动力是如何消解实质蕴涵怪论，这一时期的条件句理论是繁杂的，从整体看，我们可以把其分为本体论条件句进路、认知条件句进路和概率进路。在本文中，扩充的实质条件句进路、变异的实质条件句进路、语言学进路和可能世界进路都属于本体论条件句研究进路，而认知进路则属于认知条件句进路，概率条件句进路属于概率进路，与上两条进路不同的是，概率进路是针对直陈条件句的。其中，概率进路和认知进路以及语言学进路的思想都来源于拉姆齐的一篇文章《普遍命题与因果关系》。但是，上述几条条件句逻辑研究进路都存在一些问题：

扩充的实质蕴涵进路语言学进路的含意思想尽管在某种程度上可以避免蕴涵怪论，但是，又面临着新的问题；变异的实质条件句进路无法避免"严格蕴涵"怪论，语言学进路尽管很符合人们的直觉，但这条进路面临一个无法避免的困境：循环。可能世界进路对条件句提供了一个可能世界语义学公理系统，但这条进路严重依赖于相似性的概念，我们很难把相似性关系作为全面相似性的直觉判断基础。"平凡结果"（triviality result）显示概率进路这条进路并不成立。认知进路的核心概念是可接受理论，但这种思想与其理论中的三个完全信念改变的直觉假设不相容。但是这几条进路进路拓展了逻辑研究的新视野，为逻辑学的发展和创新提供了更广泛的可能性。总之，每一条进路都有它们的适用范围，同时都有它们各自的合理性和局限性。当代绝大多数条件句逻辑理论都与上述的理论的某一个进路或者某几个进路的或者就是这些理论的融和相关。

从本文的研究来看，条件句逻辑虽然有着悠久的研究历史，但是其形态不是一成不变的，它随着时代的前进而不断的发生变化，当代条件句逻辑研究的各条进路所面临的困境给条件句逻辑研究提出了新的问题，每一种新的条件句逻辑都在一定程度上改进了经典条件句逻辑，都从一定方面克服了经典条件句逻辑的不足或限度，因此，条件句逻辑发展历程的研究给我们的启示是：

1. 条件句研究要从整体研究演进到分类研究

我们认为从整体研究到分类研究是条件句逻辑研究范式上的一个重要转变。对条件句逻辑研究在类型上进行细化、区分是近年来学界普遍认同的一个观点。从分类的研究视角对条件句逻辑进行有针对性的研究，能更合理地揭示条件句逻辑的内在规律。

2. 条件句要从真之研究转向既重视真又不忽视概然性的研究

我们认为，经典逻辑关于"有效性"的核心思想仍然是指引我们进行条件句逻辑研究的根本指针，然而，我们可以对经典的、强的演绎有效性进行拓展，引申出稍弱的"归纳有效性"、"归纳强度"，"证据支持关系"可以弱化概率化。

3. 条件句逻辑研究不仅要走形式化发展道路而且考虑形式与非形式的结合

形式化方法在本质上是一种抽象，而任何抽象都具有一定的片面性和相对性。条件句研究不仅要走形式化发展道路而且考虑形式与非形式的结合，通过修改系统内的规则，或者修改关于非形式有效性的意见，或者修改关于原形式表达恰当性的看法。这样，通过多次反馈和调整，可以逐步建立在形式系统内外具有恰当相符性的新逻辑。

4. 条件句逻辑要从封闭式研究演进到开放式研究

条件句逻辑是一个开放的系统，这种开放性主要体现在发展过程中，其能不断融入其他学科的精华。从实质条件句进路到非实质条件句进路，尽管它们各自有着不同的表征形式，但都不是一种封闭的研究成果。当前，条件句逻辑还面临一些问题，这就需要我们继续创新理论，因此，条件句逻辑研究应该实现向开放式的研究转向。也就是说，我们除了要向经典逻辑开放以外，还要向非经典逻辑开放，这其中就包括要向中国传统文化的精华之一——中国古代逻辑思想开放，另外，条件句逻辑研究要涉及到很多问题，它需要哲学、计算机科学、数学、语言学、符号学、人工智能等学科知识，所以，还要加强学科间的交叉融合。

5. 条件句逻辑研究要以追求系统内外的恰当相符为理想目标

逻辑哲学必须围绕着逻辑系统内有效的形式推理如何与系统外的非形式原型恰当的相符这个中心问题而展开的。从逻辑学的发展历史看，逻辑的发展实质上体现为一个不断追求真的进程，这种现象在条件句逻辑中则体现为追求形式系统内外恰当相符的过程。"逻辑哲学必须围绕着逻辑系统内有效的形式推理如何与系统外的非形式原形恰当的相符这个中心问题而展开的，其他的问题都是由此派生出来的。从唯物主义反映论的观点看，'恰当相符性'问题是个根本问题。"[①] "正如数学的'数'与'形'的概念是从现实世界中得出的，逻辑的各种联词、词项和形式化的推理论证也是从现实生活中得出的。逻辑扎根于日常生活和科学实践。从能动反映论的观点看，逻辑认识能够提供日常和科学的现实原型的正确映像和模写，但是逻辑认识不是一次完成的、一成不变的，'恰当相符性'是在运动、发展、变化的历史过程中逐步达到的。既然逻辑中的形式化的推理论证来源于生活和科学实践，那么，逻辑哲学理应重视这种形式化的推理论证与其所对应的非形式的现实原型的关系的研究。"[②]

当然，我们认为对条件句而言，条件句常常可能意指更多的内容。事实上，其意指的内容比人们所理解的某些条件句所断定的内容要更多。即使理解所有技术概念的哲学家也不能理解一个上述分析，因为这种分析太复杂以至于不能理解。意义不是一个容易的论题，不管我们对意义持怎样

---

① 李志才主编：《方法论全书》，南京：南京大学出版社1998年版，第722页。
② 同上。

的观点,把不同的条件句说明视为它们的极小的似真分析都是困难的。Ted Honderich 就认为:

> 这里存在两个问题,一是指明条件句的意义,二是它们的基础或者前提的一般分析。事实上,后一个问题哲学家已经涉及到了,尽管他们做了错误的描述,但也有值得商榷的地方。我们要用合适的眼光对待他们的努力,而不是看他们提供了什么。①

所以,一旦我们开始沿着这条思路来鉴别问题,我们就不要停留在这两个问题上。我们要从基础、意义分析来区别真值条件、可断定性条件和可接受条件。所以,我们没有理由放弃对可接受条件的研究。在任何情况下,可接受条件和真值条件在基础或前提上都有区别。两个人依据不同的基础能接受完全相同的条件句,但这个条件句并不因此会有不同的真值条件。

---

① Honderich, T. (1987) Causation: rejoinder to Sanford, Philosophy, vol. 62, p. 300.

参考文献

1. 〔英〕罗素：《数理哲学导论》，晏成书译，商务印书馆1982年版。
2. 江天骥：《西方逻辑史研究》，人民出版社1984年版。
3. 杨百顺：《西方逻辑史》，四川人民出版1984年版。
4. 〔英〕奥卡姆：《逻辑大全》，王路译，商务印书馆2006年版。
5. 〔德〕维特根斯坦：《逻辑哲学论》，郭英译，商务印书馆1985年版。
6. 〔英〕威廉·涅尔、〔英〕玛莎·涅尔：《逻辑学的发展》，张家龙、洪汉鼎译，商务印书馆1985年版。
7. 马玉柯：《西方逻辑史》，中国人民大学出版社1985年版。
8. 江天骥主编：《科学哲学名著选读》，湖北人民出版社1988年版。
9. 金守臣：《简明逻辑史》，山东大学出版社1994年版。
10. 斯蒂芬·里德：《对逻辑的思考》，李小五译，辽宁教育出版社1998年版。
11. 李志才主编：《方法论全书》，南京大学出版社1998年版。
12. 李小五：《条件句逻辑》，人民出版社2003年版。
13. 张清宇：《逻辑哲学九章》，江苏人民出版社2004年版。
14. 张家龙主编：《逻辑学思想史》，湖南教育出版社2004年版。
15. 陈波：《逻辑哲学》，北京大学出版社2005年版。
16. 〔美〕蒯因：《蒯因著作集》（第5卷），涂纪亮、陈波译，中国人民大学出版社2007年版。
17. 〔美〕蒯因：《蒯因著作集》（第1卷），涂纪亮、陈波译，中国人民大学出版社2007年版。
18. 〔美〕蒯因：《蒯因著作集》（第2卷），涂纪亮、陈波译，中国人民大学出版社2007年版。
19. 〔美〕蒯因：《蒯因著作集》（第3卷），涂纪亮、陈波译，中国人民大学出版社2007年版。
20. 〔美〕罗·格勒尔：《哲学逻辑》，张清宇、陈慕泽译，中国人民大学出版社 2008 年版。

21. Adams, E. W, *The Logic of Conditionals: An Application of Probability to Deductive Logic*. Dordrecht: D. Reidel, 1975.
22. Adams, E. W, *A Prime of Probability Logic*, California: Stanford University, 1998.
23. Alchourrón、C. , Gärdenfors, P. 、and Makinson, D, "On the Logic of Theory Change: Partial Meet Contraction and Revision Functions", *Journal of Symbolic Logic*, 1985.
24. Anderson、A. R. and N. D. Belnap, *Entailment: The Logic of Relevance and Necessity*, Princeton: Princeton University Press, 1975.
25. A. R. N. D. Belnap、Jr. and J. M. Dunn, *Entailment: The Logic of Relevance and Necessity*, Princeton: Princeton University Press, 1992.
26. Arló-Costa, H, "Bayesian Epistemology and Epistemic Conditionals: On the Status of the Export-Import Laws", *Journal of Philosophy*, Vol. XCVIII/11, 2001.
27. Aumann, R, "Backward Induction and Common Knowledge of Rationality", *Games and Economic Behavior*, 8, 1995.
28. Bennett, J, "Farewell to the Phylogiston Theory of Conditionals", *Mind*, Vol. 97, 1988.
29. Bennett, J, "Classifying Conditionals: The Traditional Way is Right", *Mind*, Vol. 104, 1995.
30. Bennett, J, *A Philosophical Guide to Conditionals*, Oxford : Oxford University Press, 2003.
31. Blank, D. , *Sextus Empiricus: Against the Grammarians* (Clarendon Later Ancient Philosophers), Oxford: Clarendon Press, 1998.
32. Burgess, J, "Quick Completeness Proofs for Some Logics of Conditionals", *Notre Dame Journal of Formal Logic*, Vol. 22, 1981.
33. Carlstrom, I. 、and Hill, C, "Review of E. Adams' the Logic of Conditionals", *Philosophy of Science*, Vol. 45, 1978.
34. Chellas, B. F, *Modal Logic: An Introduction*, Cambridge: Cambridge University Press, 1980.
35. Chisholm, R. M. , "The Contrary-to-Fact Conditional," *Mind*, Vol. 55, 1946.
36. Chisholm, R. M. , "Law Statements and Counterfactual Inference," *Analy-*

sis, Vol. 15, 1955.
37. Cogan, R. , "Opting Out: Bennett on Classifying Conditionals," *Analysis*, Vol. 56, 1996.
38. Dancygier, B, *Conditionals and Prediction*, Cambridge: CambridgeUniversity Press, 1998.
39. David Lewis, *Counterfactuals*, Oxford: Blackwell, 1973.
40. David Lewis, "Counterfactual Dependence and Time's Arrow," *Noûs*, Vol. 13, 1979.
41. David Knowles, *Evolution of Medieval Thought*, Longman Group United Kingdom, 1988.
42. Davis, W. , "Indicative and Subjunctive Conditionals", *Philosophical Review*, Vol. 88, 1979.
43. DiogenesLaertius, *Lives of eminent philosophers* (Ⅶ), Hardcover: Loeb Classical Library, 1925.
44. Dudman, V. H. , "Conditional Interpretations of 'If' -Sentences", *Australasian Journal of Linguistics*, Vol. 4, 1984.
45. Dudman, V. H, "Indicative and Subjunctive", *Analysis*, Vol. 48, 1988.
46. Dudman, V. H, "Jackson Classifying Conditionals", *Analysis*, Vol. 51, 1991.
47. Dudman, V. H, "Against the Indicative", *Australasian Journal of Philosophy*, Vol. 72, 1994.
48. Dudman, V. H, "On Conditionals", *The Journal of Philosophy*, Vol. 91, 1994.
49. Edgington, D. , "Do Conditionals Have Truth Conditions?" *Critica*, Vol. 52, 1986.
50. Edgington, D. , "On Conditionals", *Mind*, Vol. 104, 1995.
51. Edwin Mares, *Relevance Logic*, http: //plato. stanford. edu/entries/logic-relevance, 2012.
52. Ellis, B. , "A Unified Theory of Conditionals", *Journal of Philosophical Logic*, Vol. 7, 1978.
53. Frege, G. , Posthumous Weiting, *Chicago*: University of Chicago Press, 1979.
54. Frege, G. , Philosophical and mathematical correspondence, *Chicago*: University of Chicago Press, 1980.
55. Frege, G. : 1892/1994, 'On Sense and Reference', in R. Harnish (ed.), Basic Topics in the Philosophy of Language, Prentice-Hall, Englewood Cliffs,

N. J, 1994.
56. Funk. W. P., "On a semantic typology of conditional sentences", *Folia Linguistica*, Vol. 19, 1985.
57. Harper, W. L., Stalnaker, R., and Pearce, G. (eds)., Ifs: Conditionals, Belief, Decision, Chance and Time, *Dordrecht: D. Reidel*, 1981.
58. Hájek, A, "A Dogma of Conditional Probability", unpublished manuscript.
59. Hájek, A., "Probabilities of Conditionals-Revisited", *Journal of Philosophical Logic* Vol. 18, 1989.
60. Horacio Arló-Costa, "The Logic of Conditionals", http://stanford.library.usyd.edu.au/entries, 2007.
61. Honderich, T., "Causation: rejoinder to Sanford", *Philosophy*, vol. 62, 1987.
62. Gärdenfors, P., Knowledge in Flux, Cambridge *MA: MIT Press*, 1988.
63. McDermott, A. C., "Notes on the asseryoric and modal propositional logic of the Pseudo-Scotus", *Journal of the history of philosophy*, Vol. 10, 1972.
64. Gauker Christopher, Conditionals in Context., *MA: MIT Press*, 2005.
65. Grice, H. P., Studies in the Way of Words. Cambridge, *MA: Harvard University Press*, 1989.
66. Grice, H. P., "Logic and Conversation", in D. Davidson and G. Harman (eds), The Logic of Grammar. *Encino: Dickenson*, 1975.
67. Jackson, F, Conditionals, *Oxford: Basil Blackwell*, 1987.
68. Jackson, F., "Classifying Conditionals", *Analysis*, Vol. 50, 1990.
69. Jackson, F., (ed)., Conditionals. *Oxford: Clarendon Press.*, 1991.
70. Jackson, F., "Classifying Conditionals II", *Analysis*, Vol. 51, 1991.
71. Jean Van Heijenoort, Frege and Gödel, two fundamental texts in mathematical logic. *Cambridge: Harvard University Press*, 1970.
72. Lewis, C. I., Implication and the algebra of logic, *Berkeley: University of California Press*, 1912.
73. Lewis, C. I and Langford, C. H., Symbolic Logic, second edition, *New York: Dover*, 1959.
74. Lewis, C. I, "The modes of meaning", *philosophy and phenomenological research*, Vol. 4, 1943.
75. Levi, I., For the Sake of the Argument: Ramsey Test Conditionals, Inductive Inference and Non-monotonic Reasoning, *Cambridge: Cambridge University*

Press, 1996.
76. Levi, I. , "Iteration of Conditionals and the Ramsey Test", *Synthese*, Vol. 76: 49 – 81. 1988.
77. Lowe, E. J. , "Jackson on Classifying Conditionals", *Analysis*, Vol. 51, 1991.
78. Lycan, W. G. , Real Conditionals, *Oxford: Oxford University Press*, 2001.
79. MacColl, H. , "If and Imply", *mind*, vol. 17, 1908.
80. Montague, R. , "Universal Grammar", *Theoria*, Vol. 36, 1970.
81. Moore, G. E. , Philosophical Studies, *London: Routledge&Kegan Paul*, 1922.
82. Nelson Goodman. , "The Problem of Counterfactual Conditionals", *The Journal of Philosophy*, Vol. 44, 1947.
83. Pearl, J. , Causality: Models, Reasoning, and Inference, *England: Cambridge University Press*, 2000.
84. Pendelbury, M. , "The Projection Strategy and the Truth Conditions of Conditional Statements", Mind 98, 1989.
85. Peirce, C. S. , Collected Papers of C. S. Peirce, v. 3 ed. Charles Hartshorne and Paul Weiss, v. 7 – 8 ed. Arthur Burks, *Cambridge: Hrvard*, 1936 – 58.
86. Peirce, C. S. , The New Elements of Mathematics, v. 4, ed. Carolyn Eisele, *The Hague: Mouton*, . 1976.
87. Quirk et al. , . A Comprehensive Grammar of the English Language, *London: Longman Group Limited*, 1985.
88. Ramsey, F. P. , "General Propositions and Casuality", Foundations: essays in philosophy, logic, mathematics, and economics / F. P. Ramsey; edited by D. H. Mellor; (Atlantic Highlands, N. J. : Humanties Press, 1978).
89. Rescher, N. , Hypothetical Reasoning, *Amsterdam: North-Holland*, 1964.
90. R. G. Bury, Sextus Empiricus: Outlines of Pyrrhonism, *Massachusetts: Harvard University Press*, 1933.
91. Russell, B, "If and Imply, a reply to Mr MacColl", *mind*, Vol. 17, 1908.
92. Samet, D. , "Hypothetical Knowledge and Games with Perfect Information", *Games and Economic Behavior*, vol. 17, 1996.
93. Sanford, D. H. , If P, then Q: Conditionals and Foundations of Reasoning, *London: Routledge*, 1989.
94. Scott, D. , "Advice in Modal Logic", K. Lambert (Ed.) Philosophical Problems in Logic, Dordrecht: D. Reide, 1970.

95. Selten, R. and U. Leopold, "Subjunctive Conditionals in Decision and Game Theory", in W. Stegmuller et al. (eds.) *Philosophy of Economics*. Berlin, Springer, 1982.
96. Skyrms, B., "Subjunctive Conditionals and Revealed Preference", *Philosophy of Science*, vol. 65, 1998.
97. Stalnaker, R., "A Theory of Conditionals," *Studies in Logical Theory*, American Philosophical Quarterly, Monograph, Vol. 2, 1968.
98. Stalnaker, R., "Letter to van Fraassen", in Foundation of Probability Theory, Statistical Inference, and Statistical of Science, vol. 1. ed. W. Harper and C. Hooker, *Dordrecht: Reidel*, 1976.
99. Stalnaker, R, "Indicative Conditionals", in F. Jackson (ed.) Conditionals, (Oxford Readings in Philosophy), *Oxford: Oxford University Press*, 1991.
100. Strawson, P. F., "'If' and '⊃'", in R. E. Grandy and R. Warner, Philosophical Grounds of Rationality, *Oxford: Clarendon Press*, 1986.
101. Van Fraassen, Bas, "Probabilities of Conditionals", in Harper and Hooker (eds.), *Foundations of Probability Theory, Statistical Inference and Statistical Theories of Science*, Vol. I, Reidel, 1976.
102. Whitehead, Alfred North, and Bertrand Russell, Principia Mathematica to *56, *Cambridge: Cambridge*, 1962.
103. Wilhelm Ackermann, "Begründung Einer Strengen Implikation", *The Journal of Symbolic Logic*, Vol. 21 (2), 1956.
104. Woods, M., D. Wiggins (ed)., Conditionals, *Oxford: Clarendon Press*, 1997.